JN055782

# 低圧電気取扱者安全必携

## ― 特別教育用テキスト ―

中央労働災害防止協会

# 序

産業活動において，電気設備は不可欠なものであり，これに対する安全対策は向上してきていますが，感電災害により，今なお尊い命が失われている状況にあることは，まことに残念なことです。

感電災害の発生状況をみると，低圧の電気による電気取扱者の被災も多く発生しており，この背景として，高圧の電気設備に比較して低圧のものは安易に取り扱われがちであることが１つの要因となっていると考えられるところです。

このような災害を防止するためには，電気設備の整備・保守，適正な作業管理の徹底を図るとともに，電気取扱作業を行う者が，当該作業を安全に行うために必要な知識および技能を事前に身につけておくことが必要です。

このため労働安全衛生法においては，電気取扱作業などの危険業務に従事する者に対し，安全に関する特別の教育を行うことを事業者に義務づけています。

本書は，低圧の充電電路の敷設等の業務に係る特別教育用のテキストとして，当該作業者が身につけていなければならない安全上の知識を網羅したものです。

今回の改訂では，法令や規格の改正の反映，各種統計等の更新のほか，図表の充実など，内容の見直しを行いました。改訂にあたりご協力をいただきました株式会社関電工，一般財団法人関東電気保安協会，東京電力パワーグリッド株式会社，独立行政法人労働者健康安全機構労働安全衛生総合研究所の各位には，改めて感謝申し上げる次第です。

本書が低圧の電気取扱作業従事者をはじめ，関係者に広く活用され，労働災害の防止に寄与することができれば幸いです。

令和３年４月

中央労働災害防止協会

# 低圧電気取扱者特別教育の科目・範囲・時間

## 学科教育

| 科　　目 | 範　　囲 | 時　間 |
|---|---|---|
| 低圧の電気に関する基礎知識 | 低圧の電気の危険性　短絡　漏電　接地　電気絶縁 | 1時間 |
| 低圧の電気設備に関する基礎知識 | 配電設備　変電設備　配線　電気使用設備　保守及び点検 | 2時間 |
| 低圧用の安全作業用具に関する基礎知識 | 絶縁用保護具　絶縁用防具　活線作業用器具　検電器　その他の安全作業用具　管理 | 1時間 |
| 低圧の活線作業及び活線近接作業の方法 | 充電電路の防護　作業者の絶縁保護　停電電路に対する措置　作業管理　救急処置　災害防止 | 2時間 |
| 関係法令 | 労働安全衛生法，労働安全衛生法施行令及び労働安全衛生規則中の関係条項 | 1時間 |

## 実技教育

実技教育は，低圧の活線作業及び活線近接作業の方法について，7時間以上（開閉器の操作の業務のみを行う者については，1時間以上）行う。

（昭和47年9月30日労働省告示第92号「安全衛生特別教育規程」より抜粋編集）

# 第２編　低圧の電気設備に関する基礎知識

## 第３編　低圧用の安全作業用具に関する基礎知識



## 第４編　低圧の活線作業および活線近接作業の方法

## 第５編　関係法令



表紙デザイン　デザイン・コンドウ
本文イラスト　佐藤　正
高橋　晴美

# 第1編

# 低圧の電気に関する基礎知識

●第１編のポイント●

電圧の種別，感電（電撃）と人体反応，短絡現象，地絡現象，接地，絶縁物などについて学び，電気の危険性と危険防止措置を実施するうえでの基本的事項について理解する。

# 第1章 低圧電気の危険性

## 1 電気取扱者と安全

電気は現在の社会生活・産業活動になくてはならない存在である。単にエネルギーの源としての電力について考えても，クリーンで，生み出す力の強さと便利さはガスや石油に劣らない。そのために，電気の用途と使用量は，ますます拡大してきているが，一方，電気の使用には感電という危険が伴っている。電気は五感だけでそれを察知することが難しく，また，電気の危険性については，過去の多くの災害事例にみられるとおりで，感電災害は一瞬の過ちで発生し，一次災害のみならず二次災害の可能性も高く，きわめて重大な結果を招くことになる特性をもっている。

電気取扱作業に従事する者は，災害事例から多くの教訓を得るとともに，それをもとに感電災害防止に取り組まなければならない。

感電災害をはじめ，電気取扱作業における災害は，取り扱う電気の電圧，設備の規模，その他の条件によって，それぞれ異なる。はじめに，それらの概略について述べる。

### (1) 低圧電気による感電

本テキストが対象とする低圧の電気（17頁の**表 1-1** 参照）による感電では，一般に電撃の程度が弱く，負傷に至らない場合が多いため，感電の危険が軽視され，不安全の要因が見過ごされることになりがちである。しかし低圧の電気といえども，感電したときに人体に流れる電流の経路，通電時間，そのときの作業者の状態などによっては死亡災害に至ることも珍しくない。また高所作業における感電では，電撃によって墜落し，重篤な災害に至ることがあることも忘れてはならない。低圧の電気取扱作業では，安全意識が低下しないように注意することが重要である。

低圧電気による感電災害のうち，可搬式電動機器の絶縁不良によるものでは電気取扱者以外の作業者が感電した事例も多いので，日常の作業に用いる電動工具・設備機器の管理を欠くことのないよう心掛け，特に可搬式電気機器の電線の損傷・接続不良および誤接続の防止にも厳重に注意することが必要である。

また，水など導電性の高い液体によって湿潤している場所，その他鉄塔や鉄板上，定盤（じょうばん）上等導電性の高い場所において，素足，濡れた手などでの電気取扱いは，厳に慎まねばならない。さらに高所作業における墜落制止用器具（安全帯）の使用等，基本動作の忠実な履行も求められる。

電気を使用して実施する作業では，電源側に感電防止用漏電遮断装置などの保護装置を取り付けるとともに，その動作テストを作業前に実施することが望ましい。

事業者は，低圧の電気を取り扱う作業者に対し，低圧電気取扱業務に係る特別教育を行わなければならない。また，作業者は，電気工作物の電気工事に従事するときは，その種類・規模に応じ，電気工事に必要な資格を証する書面（電気工事士免状等）を所持していなければならない。

## (2) 高圧・特別高圧電気による感電

高圧や特別高圧の電気はきわめて危険で，感電すればほとんどの場合，災害は免れられない。感電の人的な原因には，不安全行動・錯誤・知識不足をあげることができる。不安全行動によるものとしては，不用意に危険箇所に接近しすぎて充電部に接触・近接し，感電する事例が多い。ささいな作業であっても，高圧・特別高圧の電気取扱作業，または近接した場所で実施する作業における行動は，慎重でなければならない。

高圧・特別高圧の作業では，設備の

部分を区切り，局部的に停電して作業区域を設定したうえ作業することがあるが，その際不注意で作業区域外の危険区域に入りこんで感電することがある。また，送電線下や変電所構内などで高圧や特別高圧の電気設備に近接して長尺物を取り扱い，それが充電部に触れて感電したり，荷物の積み降ろしの作業などの際に荷物やつりこみ機材の一部，クレーンのブームが充電部に触れ，それを通じて感電したりすることもある。

高圧・特別高圧の電気では，接触しなくても，一定距離以内に近寄っただけで閃絡(せんらく)※により感電するおそれがあるので，高圧・特別高圧の電気設備の近くでは，金属製の工具・材料等の導電体を肩より高く差し上げてはならない。高圧・特別高圧の電気には特別な危険があることを常に心に留めておくことが必要である。

事業者は，高圧・特別高圧の電気を取り扱う作業者に対し，高圧・特別高圧電気取扱業務に係る特別教育を行わなければならない。また，作業者は，電気工作物の電気工事に従事するときは，その種類・規模に応じ，電気工事に必要な資格を証する書面（電気工事士免状等）を所持していなければならない。

## (3) アークによる火傷・事故

アーク溶接は，100 A 程度の電流によるアークを安定して発生させて，それから得られる高熱を利用して行われるが，アーク溶接のアークの発する光で，裸眼では目に障害（電気性眼炎）を生じ，露出した肌をさらすと皮膚に日焼けに似た皮膚障害を生じる。

低圧の幹線の回路や高圧以上の回路での短絡などの故障の際には，数千 A 以上の電流のアークが発生する。このアークは強烈で，アーク溶接時の比ではない。そのうえ制御されていないので，故障電流の電磁作用および対流作用により，激しく延伸したり移動したりして，その高熱と光により，周囲にさまざまな被害を及ぼすことになる。アークの発生を伴う

※　空気など絶縁物が絶縁破壊され，アーク等でつながる現象。「フラッシオーバ」ともいう。

事故の際には，感電による災害や機械の焼損のみならず，アークによる火傷と目の網膜の損傷の災害を受けることにもなる。

低圧幹線の計器あるいは開閉器類の端子およびその近くの配線は狭い所に組みこまれているため，低圧活線における作業時に誤ってねじ類を落としたり，作業工具などの金属製の異物の接触により，アーク発生の原因となる短絡故障を起こしやすい。また，高圧以上の電力回路に用いられる断路器は，負荷をかけたまま開放操作をすると大きなアークを発生して事故になる。その他，高圧回路においては，作業のための接地の取付け時に誤って活線回路を接地したり，接地の取外しを忘れたまま受電したりするなどして，アークを発生する事例がある。

## (4) 雷

雷は，電気設備と電気取扱者にとって最も有害な自然現象の一つである。

雷が発生して，低圧・高圧の電気設備に直接落雷がある場合のほか，近くに落雷があった場合にもその誘導を受けて，しばしば回路中に強力な電圧が侵入してくる。また，送電線の場合には，遠方から線路を伝播して，雷により生じた電圧が侵入してくる。この現象は，作業のために停電中の回路であっても同様に発生する。

雷の電気の強さは，直撃雷であるか誘導雷であるか，あるいはそのときの雷電流の大きさなどによって異なるが，一般にきわめて強烈で，高圧の機器の絶縁でも，これに完全に耐えることは難しい。ましてや人体に対しては，一般的な安全策によりその危険を防止することは困難であり，雷が多発する地域や季節には，工事現場に雷検知器を備えるなどの対策を講じて，近隣地域で雷が発生したときは，電気取扱作業を中断するのが賢明である。

## 参考 電気に関する基本的な用語や性質

### 1 電気用語

#### 1-1 電圧，電流，抵抗

**図1-ア**のように，水槽Aから水槽Bにパイプを通じて水を流す場合を考えたとき，AとBの水面の高さの差が大きいほど，また，パイプの太さが太いほど水はよく流れます。電気もこれによく似ており，水位の差が電位差（これは一般に**電圧**といわれる）に，水の流れが電流に，パイプが電線に相当し，電線の材質が同じであれば，電線が太いほど，また，電圧が高いほど，電流はたくさん流れます。そこで，電圧の大きさが同じ場合，電流の流れやすさは，電線の材質や形状（長さや太さ）で決定されますが，これは，普通，電流の流れを妨げる性質で表され，これを**抵抗**といいます。

電圧（電位差）の記号には一般に$V$（ブイ）が用いられ，その単位は**ボルト**（V）で表されます。電流の記号には$I$または$i$が用いられ，その単位は**アンペア**（A）で表されます。抵抗の記号には$R$または$r$が用いられ，その単位は**オーム**（Ω）で表されます。そして，これら電圧，電流，抵抗の間には，次式に示すような関係があり，これを**オームの法則**といいます。

$$\text{電流}\ I\,(\mathrm{A}) = \frac{\text{電圧}\ V\,(\mathrm{V})}{\text{抵抗}\ R\,(\Omega)}$$

（ブイ ボルト）

なお，電圧が起電力を示す場合には，$E$または$e$の記号が用いられることがあります。

#### 1-2 電力，電力量

電源が回路に毎秒あたり供給するエネルギーを**電力**といい，電圧と電流の積で表されます。電力の記号には$P$が用いられ，その単位は，電圧の単位をボルト，電流の単位をアンペアで表したとき，**ワット**（W）または**ボルトアンペア**（VA）で表されます。電力×時間を**電力量**といい，その単位は**ジュール**（J）ですが，「**ワット秒**（Ws）」と呼ばれることが多く，実用的には**ワット時**（Wh）や**キロワット時**（kWh）が多く用いられます。

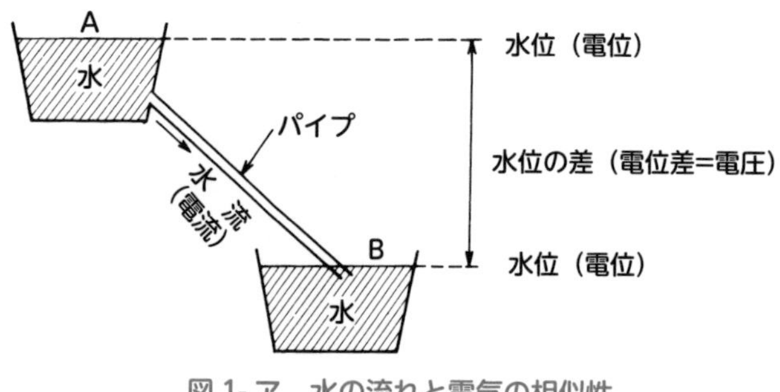


図1-ア 水の流れと電気の相似性

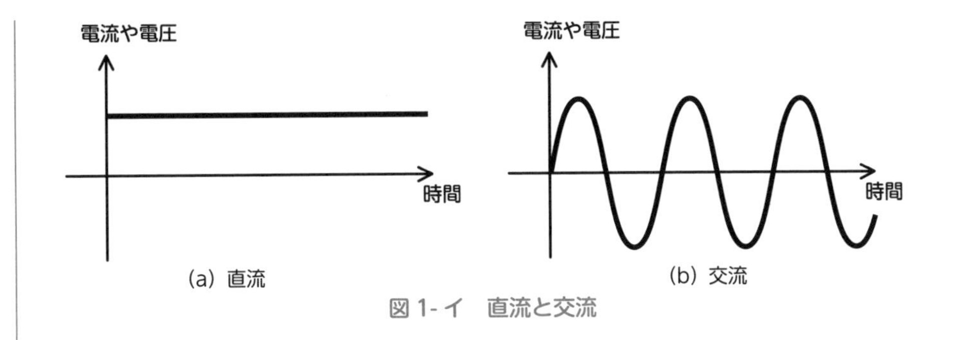

図 1-イ　直流と交流

### 1-3　直流，交流

電気には，直流と交流があります。直流とは，電気の流れる方向や大きさが変わらないもので，その記号にはDC（Direct Currentの略）が用いられます。乾電池，蓄電池および直流発電機などから発生する電気は直流です。一方，交流とは，電気の流れる方向や大きさが一定の時間的周期をもって変化するもので，その記号にはAC（Alternate Currentの略）が用いられます。家庭や工場などに一般送配電事業者（いわゆる電力会社）から供給されている電気は交流です（**図 1-イ**）。

### 1-4　周波数

交流の場合，1秒間中に繰り返される同一波形の数を周波数といい，その単位はヘルツ（Hz）で表されます。一般送配電事業者から供給されるわが国の電気は，おおよそ静岡県の富士川と新潟県の糸魚川あたりを結ぶ線を境にして，その東が50Hz，西が60Hzです。一般にこの周波数を商用周波数といいます。

## 2　電気回路

電流の流れる道を電気回路といい，略して電路または回路ともいいます。電気回路の抵抗の接続には，直列接続と並列接続があります。直列接続とは，抵抗 $r_1$，$r_2$

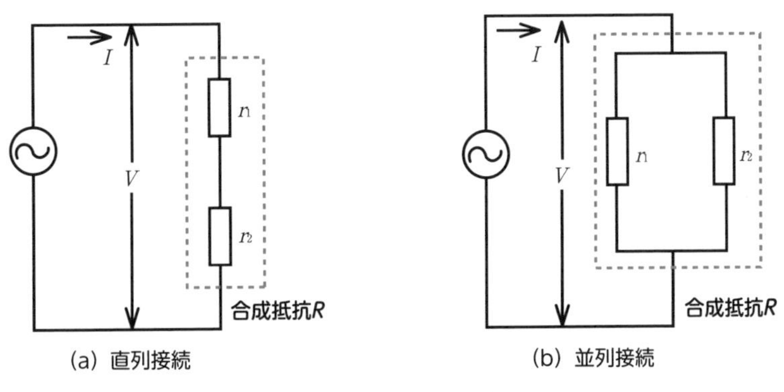

図 1-ウ　電気回路

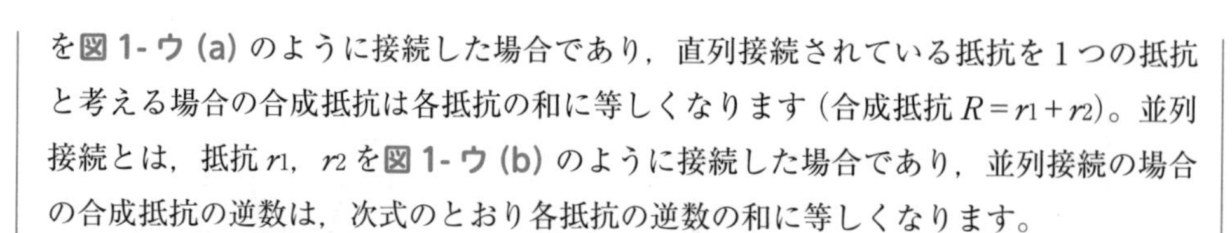

を図 1- ウ (a) のように接続した場合であり，直列接続されている抵抗を1つの抵抗と考える場合の合成抵抗は各抵抗の和に等しくなります（合成抵抗 $R=r_1+r_2$）。並列接続とは，抵抗 $r_1$，$r_2$ を図 1- ウ (b) のように接続した場合であり，並列接続の場合の合成抵抗の逆数は，次式のとおり各抵抗の逆数の和に等しくなります。

$$\frac{1}{\text{合成抵抗}\ R}=\frac{1}{r_1}+\frac{1}{r_2}$$

### 3　物質の電気的性質

物質の中には，電線のように電気をよく通すものと，ゴムのようにほとんど電気を通さないものがあります。前者を**導体**，後者を**不導体**または**絶縁体**（**絶縁物**）といい，その中間のものを**半導体**といいます。物質が電流をよく通すか否かは，物質の有する電気抵抗で表されますが，抵抗は同一物質であっても，その長さに正比例し，太さ（断面積）に反比例します。電気抵抗を式で示すと次のようになります。

$$\text{電気抵抗}\ R=\text{抵抗率}\ \overset{\text{ロー}}{\rho}\times\frac{\text{長さ}\ \ell}{\text{断面積}\ S}$$

## 2 電圧の区分

電気には**表 1-1** に示すように直流と交流があり，電圧の種別は，「労働安全衛生規則」（安衛則）および電気事業法に基づく「電気設備に関する技術基準を定める省令」（電技省令）によって，電圧の大きさごとに低圧，高圧および特別高圧の３種類に分けられる。

直流は，電池や太陽電池（ソーラーパネル），直流発電機などから発生する電気で，主として，電気鉄道，直流溶接機，電気めっき，化学工業の電気分解，電気自動車などに用いられる。

交流は，水力，火力，原子力などの発電所で交流発電機から発生する電気で，一般には変圧器によって特別高圧に昇圧され，送電線を経て変電所に送って高圧に下げ，さらに配電線の変圧器によって低圧に変えて電灯や電気機器の動力に用いられる。出力の大きい電気機械などでは，特別高圧で受電して高圧に下げ，そのまま使用されることもあるが，工場や事業場の一般作業者の周辺の電気機器のほとんどは，低圧電気が用いられる。

表 1-1　電圧の種別（安衛則第 36 条，電技省令第 2 条）

| 電圧種別＼直交流別 | 直　流 | 交　流 |
|---|---|---|
| 低　圧 | 750 V 以下 | 600 V 以下 |
| 高　圧 | 750 V を超え<br>7,000 V 以下 | 600 V を超え<br>7,000 V 以下 |
| 特別高圧 | 7,000 V を超えるもの | |

## 3 感電災害の状況

電気が原因となって起こる災害には，人身災害としての感電，火傷，アークによる眼障害のほか，電気設備が点火源となって起こる火災，爆発，あるいは電気設備の異常運転による機器の焼損など，さまざまなものがある。これらのうち，わが国における産業現場での感電死亡災害を中心として，以下にその特徴を述べる。

## (1) 死亡危険性が高い～死傷者数と死亡者数の比

最近5年間（平成27年～令和元年）の労働災害統計（厚生労働省「労働災害発生状況」）によると，労働災害全体では，死亡者数が死傷者数（死亡および休業4日以上）に占める割合は0.8％である。これを感電に限って算出すると9.4％となり，死亡災害が最も多い墜落・転落の1.2％や死傷災害が最も多い転倒の0.1％などと比べて極めて高い。これより，感電災害はいったん発生すると死亡危険性の高い災害であることがわかる（**表1-2**）。

## (2) 低圧が6割を占める～感電死亡災害の推定接触電圧および接触部位

平成14年～平成23年の10年間における感電死亡災害の事例から推定した接触電圧は，64.4％が低圧に，30.5％が高圧あるいは特別高圧に起因し（**表1-3**），また，充電部と接触した人体の部位は，58.0％が手や把持した工具，14.9％が胴体であった（**図1-1**）。

表1-2　労働災害による死傷者数と死亡者数の比（平成27年～令和元年）

| | 死傷者数 | 死亡者数 | 死亡／死傷 |
|---|---|---|---|
| 感電 | 500 | 47 | 9.4% |
| 崩壊・倒壊 | 11,280 | 289 | 2.6% |
| 激突され | 26,249 | 363 | 1.4% |
| 墜落・転落 | 102,941 | 1,210 | 1.2% |
| はさまれ・巻き込まれ | 72,355 | 617 | 0.9% |
| 飛来・落下 | 31,902 | 233 | 0.7% |
| 転倒 | 143,230 | 130 | 0.1% |
| 全災害（上記以外を含む） | 607,621 | 4,632 | 0.8% |

表 1-3　感電死亡災害の推定接触電圧※1

| 電圧の種別 | | 感電死亡者数（人） | 割合（%） |
|---|---|---|---|
| 低圧 | 100 V 程度 | 41 | 23.6 |
| | 200 V 程度 | 41 | 23.6 |
| | 不確かな低圧とその他の電圧 | 30 | 17.2 |
| 高圧あるいは特別高圧 | | 53 | 30.5 |
| 落雷 | | 4 | 2.3 |
| 不明 | | 5 | 2.9 |

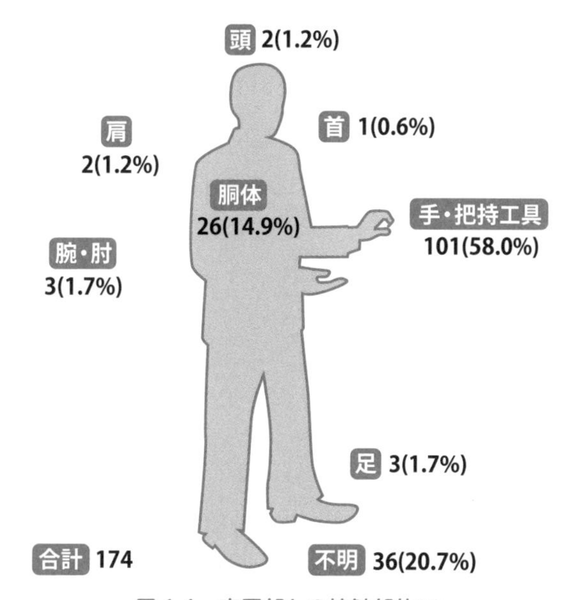


図 1-1　充電部との接触部位※2

## (3)「送配電線等」が多い～感電死亡災害の起因物

**図 1-2** は，平成 25 年～平成 29 年の 5 年間における感電死亡者 51 名を設備別に示したものである。送配電線等で 21 名（全体の 41.2 %），次いで，高圧開閉器，変圧器，コンデンサなどの電力設備で 13 名（25.5 %），アーク溶接装置が 6 名（11.8 %），電動工具・設備等（漏電）が 5 名（9.8 %），その他 6 名（11.8 %）であった（厚生労働省 職場のあんぜんサイト「死亡災害データベース※3」より分析）。

---

※ 1，※ 2　出典：Norimitsu Ichikawa: "Electrical fatality rates in Japan, 2002-2011: New Preventive measures for fatal electrical accidents", IEEE Industry Applications Magazine, Vol.22, Issue. 3, pp. 21–26.

※ 3　https://anzeninfo.mhlw.go.jp/anzen_pg/SIB_FND.aspx

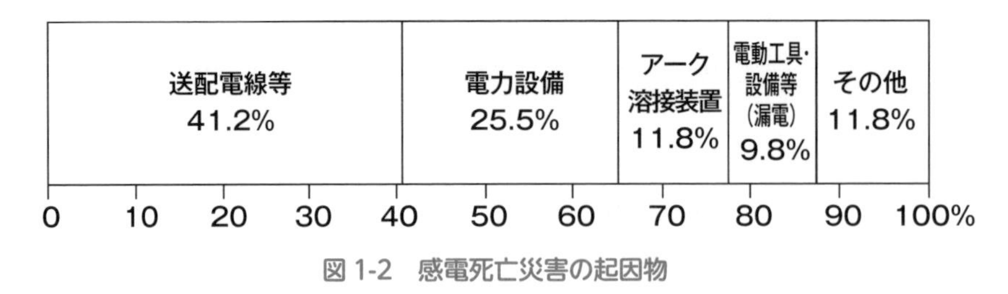


図 1-2　感電死亡災害の起因物

## 4 感電（電撃）

感電は電撃ともいわれ，一般に人体に電流が流れることによって発生する。そして，電撃は，単に電流を感知する程度の軽いものから，苦痛を伴うショック，さらには筋肉の強直，心室細動（心臓がけいれんを起こしたような微細な動きとなること。血液循環機能が失われ，数分継続すると死に至る。）による死亡など種々の症状を呈する。

### (1) 電撃の危険因子

感電した場合の危険性は，おもに次の因子によって定まる。

① 通電電流の大きさ（人体に流れた電流の大きさ）

② 通電時間（電流が人体に流れていた時間）

③ 通電経路（電流が人体のどの部分を流れたか）

④ 電源の種類（直流，交流の別）

⑤ 周波数および波形

したがって，通電電流が長時間にわたり人体の重要な部分を多く流れるほど危険である。このほか，間接的には人体抵抗や電圧の大きさが関係する。

### (2) 電撃と人体反応

電撃を受けたとき，人体に流れた電流（通電電流）の大きさや通電時間，通電部位等により，次のような反応が人体に表れる。

① 感知（知覚）：身体に電流が流れていることを，感覚により感知する。

② 手の固着：誤って充電部分をつかんだとき，手がけいれんして離せなくなる。

③　けいれん：上肢・下肢，あるいは全身にわたってけいれんが起こり，身体の自由が失われる。または上肢・下肢などが意志によらず急激な運動を起こす。頭から通電の場合は，持続性の高いけいれんを生じることが多い。

④　呼吸困難・窒息：呼吸筋のけいれんにより，呼吸運動が困難になる。

⑤　心拍停止：心臓からの血液の拍出がなくなるか，または極端に減少することを**心拍停止**という。**心室細動**，心静止（狭義の心停止）が含まれるが，電撃では主に心室細動が発生する。心室細動は，心室の各部分が無秩序な収縮を繰り返すもので，心室全体としての収縮が起こらず，また，心筋の消耗が激しい。これが持続すると不可逆的な心静止に至る。

⑥　呼吸停止：呼吸運動の停止は現象論的に二つに分けられる。一つは前記の窒息であり，電撃から離脱すれば直ちに回復する。これに対して，持続性があり回復しにくいものを**呼吸停止**という。呼吸停止は，頭からの通電のときに特に発生しやすい。

⑦　意識の喪失：強い電撃を受けて，一時的に失神する。

⑧　器質的障害：生体の器官・組織の構造的な損傷である。おもに電流の入出口やその周辺で見られ，皮膚の鉱性変化※・剥脱，電流斑，電撃潰瘍（破れ，裂けたような傷・えぐられたような傷），組織の熱傷・壊死，電紋（沿面放電の跡）などがある。これらは主に熱的作用の結果であり，これが元で，体肢を切断したり，急性腎不全・感染症・後出血（2～4週間ぐらい後で起こる出血）等によって死亡したりすることがある。

⑨　二次災害：驚きによる反射的な動作や，けいれんによる身体の動きによって，転倒や墜落などを起こす。

電撃による死亡は心室細動が主な原因と考えられている。その他に，条件により，窒息・呼吸停止，器質的損傷による死亡や，二次災害による死亡も考えられる。

※　金属が高温のため溶融，ガス化して皮膚表面に付着し，浸透し，皮膚が硬化乾燥して鉱質のようになる（皮膚の鉱質化）。

## (3) 電撃反応の発生限界

人体に電流が流れたとき，本人が感覚によって感電していることを感知する電流値，また，苦痛を伴いながらも自分の意志で充電部分から離れることができる電流値，さらには，心室細動で死亡事故になる電流値等が，多くの研究者によって研究されてきた。現在では，国際電気標準会議（IEC）で統一した発生限界（通電時間／電流区域）が，**図 1-3**，**図 1-4** のように報告されている。

**図 1-3** は，15 ～ 100Hz の交流電流についての人体反応曲線図である。これによれば，人体に対する電撃反応の発生限界は，次のようになる。

① 感知電流

通電電流を徐々に大きくしたとき，人体が感覚によって感知できる最小の電流を**感知電流**という。この値は**図 1-3** においては直線 a に相当し，通電時間に関係なく 0.5 mA（実効値）である。

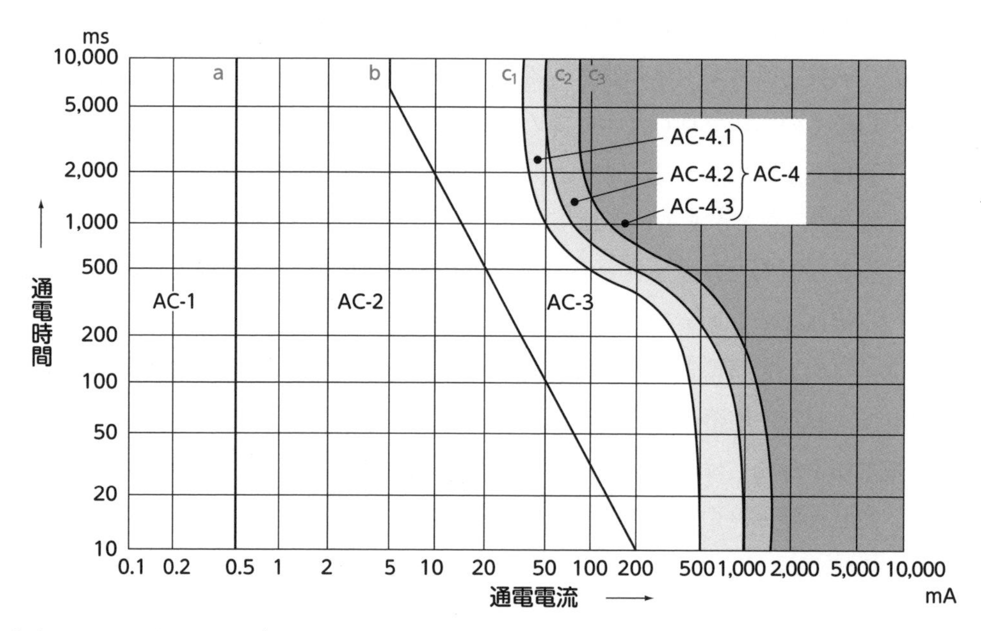


（注）AC-1：知覚は可能だが，通常は驚くような反応なし。
AC-2：知覚と不随意の筋収縮が起こる可能性は高いが，通常有害な生理学上の影響なし。
AC-3：強い不随意の筋収縮，呼吸困難，心機能の可逆的（回復可能な）障害，体の硬直が起こる可能性がある。影響は，電流の大きさとともに増加する。通常，臓器への損傷なし。
AC-4：心拍停止，呼吸停止，火傷，その他の細胞障害などの病態生理学上の影響が生じることがある。心室細動の可能性は，電流の大きさと時間とともに増加する。（AC-4.1：心室細動の確率が約 5％まで増大，AC-4.2：心室細動の可能性が約 50％まで増大，AC-4.3：心室細動の可能性が約 50％を超える）

図 1-3　電撃と人体反応（15 ～ 100 Hz の交流電流）（IEC 60479-1：2018 より（一部改変））

②　離脱電流

誤って充電部分をつかんでも，自分の意志で離すことができる最大の電流を**離脱電流**という。この値は**図 1-3** においては折れ直線 b に相当し，通電時間に関係ない領域としては，5 mA（成人男子では 10 mA）である。

③　心室細動電流

心室細動の発生限界となる電流を**心室細動電流**という。いったん心室細動が発生すると，他人が充電部分を除去しても，一般には心室細動は治まらず，死に至る電流値である。この値は**図 1-3** においては通電経路が左手―両足の場合として，実曲線 $c_1$ とされている。すなわち，通電時間が 10 ms で通電電流が 500 mA，通電時間が 500 ms で通電電流が 100 mA，通電時間が 1 s で通電電流が 50 mA，通電時間が 10 s で通電電流が 40 mA の値である。

また，直流電流についての人体反応曲線図は，次の**図 1-4** のとおりである。

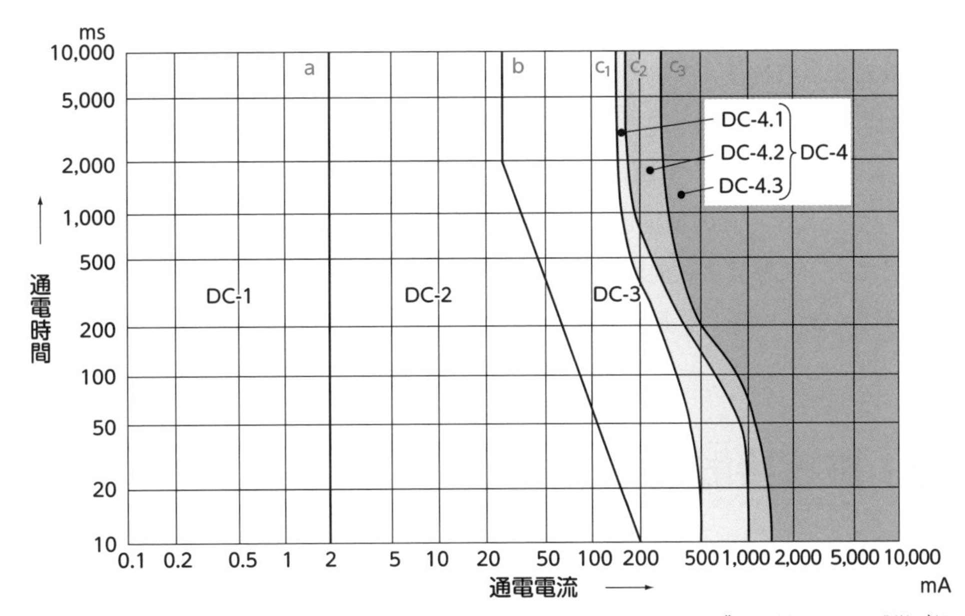


（注）DC-1：電流を投入したり，遮断したり，急激に変化させたりすると，わずかに刺すような感覚が起こる可能性がある。
DC-2：特に電流を投入したり，遮断したり，急激に変化させたりするときに不随意の筋収縮が起こる可能性があるが，通常有害な生理学上の影響なし。
DC-3：強い不随意の筋肉反応，および心臓内でのインパルス（電気的な信号）の形成・伝導の可逆的（回復可能な）障害が起こり，電流の大きさと時間とともに増加する可能性がある。通常，臓器への損傷は予想されない。
DC-4：図 1-3 の AC-4 の説明に同じ。DC-4.1～4.3 は，AC-4.1～4.3 の説明に同じ。
下向き（足がマイナス）の電流の場合は，約 2 倍の電流値となる。

**図 1-4　電撃と人体反応（直流電流※）（IEC 60479-1：2018 より（一部改変））**
（※　縦方向，上向き電流（手から足に流れる，足がプラス）の場合）

### (4) 電気火傷

感電における生体の障害を一般に電撃傷と呼ぶが，前記の心室細動による死亡のほか，電気火傷などがある。

電気火傷には，アークやスパークの数千度の高熱による皮膚の熱傷と，電流が人体に流れるときの内部組織の抵抗に基づくジュール熱によるものとがある。前者の場合は，熱湯などによる一般の火傷と異なり，金属が高温のために溶融，ガス化して皮膚の表面に付着し，浸透して，熱傷面は青錆色になることが多い。また，後者の場合は，ジュール熱によってタンパク質が凝固し，皮膚，腱，骨膜，骨関節などに組織壊死を起こす。

## 5 人体の電気抵抗

人体の電気抵抗は，皮膚の抵抗と人体内部の抵抗に分けられる。このうち皮膚の抵抗は，印加電圧の大きさ，接触面の濡れ具合などによって変化し，印加電圧が1,000 V以上になると，皮膚は破壊されて電気抵抗は0 Ω近くまで低下する。これに対して，人体内部の抵抗は印加電圧に関係なく，手―足間で約500 Ω程度である。そこで，電撃による危険性を考える場合，皮膚の抵抗は接触時の状況によって変化するため，一般に，最悪状態を考えて500 Ωが用いられる。

## 6 許容接触電圧

電撃の危険度は，電流によって決定され，電圧の大きさは二次的な要素である。電撃を受けたとき人体に流れる電流は，そのときの人体抵抗を含めた電気回路の抵抗値が同じであれば，電圧が低いほど，電流が小さくなり，電撃の危険度は低下する。電源は一般に電圧で表示されるため，電撃の危険度も電圧で表示したほうが理解されやすい。そこで，国によっては，人体に危険とならない程度の電圧値を安全電圧と称している。その値は，例えば，ドイツ，イギリスで24 V，オランダで50 Vである。

また，大地に立っている人が充電部に触れて電撃を受けたとき，人体に加わる電圧を**接触電圧**という。（一社）日本電気協会の「低圧電路地絡保護指針」では，人が接触する状況に応じて，許容しうる接触電圧を**表 1-4** のように示している。

表 1-4　許容接触電圧

| 種　別 | 接　触　状　態 | 許容接触電圧 |
|---|---|---|
| 第１種 | ・人体の大部分が水中にある状態 | 2.5 V 以下 |
| 第２種 | ・人体が著しくぬれている状態<br>・金属製の電気機械装置や構造物に人体の一部が常時触れている状態 | 25 V 以下 |
| 第３種 | ・第１種，第２種以外の場合で，通常人体状態において接触電圧が加わると，危険性が高い状態 | 50 V 以下 |
| 第４種 | ・第１種，第２種以外の場合で，通常の人体状態において接触電圧が加わっても危険性の低い状態<br>・接触電圧が加わるおそれがない場合 | 制限なし |

出典：（一社）日本電気協会「低圧電路地絡保護指針（JEAG8101-1971）」

# 第2章 短絡

## 1 短絡現象

短絡（ショート）とは，故障や取扱いミスなどによって，電気回路の線間が電気抵抗の非常に少ない状態で，または全くない状態で接触した一種の事故現象である。このとき短絡部分を通じて流れる大きな電流を**短絡電流**という。

すなわち，**図 1-5** において，正常時は，電動機（モーター）に流れる電流 $I$ は，電動機巻線間の電圧と抵抗をそれぞれ $V$，$R$ とすると変圧器二次巻線の一端から電線および電動機巻線を通り，変圧器二次巻線の他端に戻り，その電流は $I = \frac{V}{R}$（A：アンペア）である。

しかし，故障などで電線の被覆が破損し，a 点と b 点が短絡した場合，短絡電流 $I$ は，電気回路の抵抗がほとんどゼロになるので，非常に大きくなり数千 A から場合によっては数万 A に達することがある。

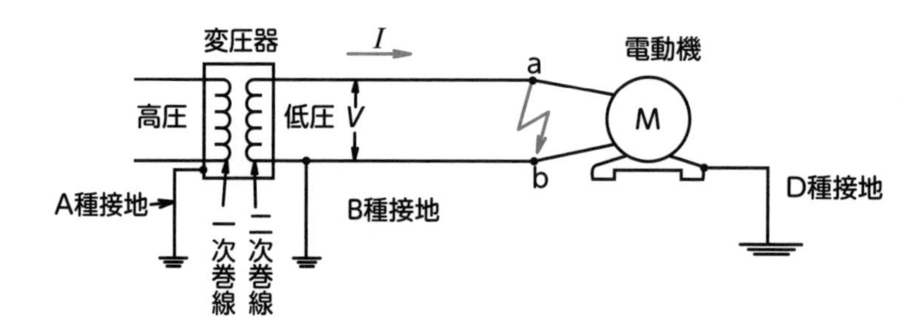


図 1-5　短絡の例

##  短絡による災害と対策

電線などは，一般に負荷の大きさに適合した容量のものが使用されているので，短絡によって大電流が流れると，電線の溶断，絶縁被覆の劣化や焼損などを起こし，あるいは電路に設置された油入りの遮断器の爆発など，大きな事故や災害を起こす。また，人身災害としては，短絡と同時に大きなアークが発生して電気火傷などの災害を起こす危険性がある。

このような短絡現象は，絶縁電線やキャブタイヤケーブルなどの絶縁被覆の劣化，損傷などに起因するほか，開閉器のヒューズ取替え中にドライバーの先で誤って端子間を短絡させて起こることもある。また，電動機では過負荷や欠相状態（3本の電線のうち1本がはずれた状態）の運転では，巻線に過電流が流れて焼損し短絡事故に発展することもある。

したがって，短絡事故を起こさないために，電気配線，スイッチ，接続器具などは常に絶縁の状況を監視し，電動機などの電気機器は正常な状態で運転することが大切である。

一方，万一短絡やその他過電流が流れる異常状態が起きた場合には直ちに電路を遮断できるようにしておくことも重要である。そのためには，分電盤や電気機器の手元などに適正な遮断容量※を有する短絡および過電流遮断器を設けておくことが必要である。

※　定格使用電圧のもとで遮断できる電流の値。定格遮断電流。これを超える電流に対しては破損などにより電路を遮断できない可能性がある。

# 第3章
# 漏　　電

## 1 漏電現象

現在の低圧電路の配電方式は，一般に図 1-6 に示すように，変圧器の低圧側の中性点または一端子を接地（B 種接地工事）しているため，電線や電気機器の絶縁が劣化または損傷して，その絶縁効力が失われると，電流は正規の電気回路以外に，絶縁効力の失われた箇所から大地にも流れたり（**地絡**），電路または機器の外部に危険な電圧が現れる。この現象を**漏電**といい，大地に流れる電流を**漏れ電流**あるいは**地絡電流**という。

漏電している電気機器の金属製ケースに人が接触すると，身体を通して漏れ電流が流れ，感電災害を生ずることになる。

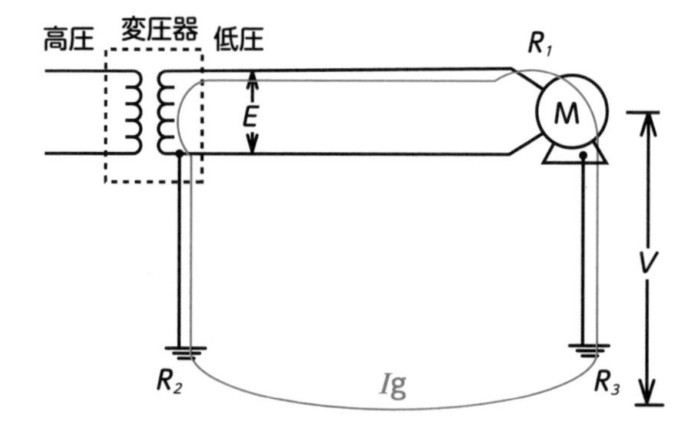


$E$：低圧電路の電圧
$V$：地絡時の対地電圧
M：電気機器
$R_1$：漏えい抵抗
$R_2$：B種接地抵抗
$R_3$：D種接地抵抗
$Ig$：漏れ電流

図 1-6　接地式配電方式

## 2 漏電による感電災害の防止対策

漏電を生じさせないために，電路や電気機器を正しい状態で使用し，保守，点検などを励行することが大切であるが，万一漏電した場合でも，感電災害を起こさせない方法としては次のような対策がある。

### (1) 感電防止用の漏電遮断器の使用

漏電遮断器とは，これが設置された以降の電路および電気機器で起きる漏電に対して，漏れ電流がある値以上であれば，その電路を自動的に，かつ瞬時に開放し，感電災害を未然に防ぐ安全装置である。

漏電遮断器は一般に，地絡検出機構，引外し機構，開閉機構および試験ボタンなどを絶縁物の容器内に一体に組み込んだ構造であり，その動作原理は，漏れ電流が大地に流れることによって生ずる電路電流の不平衡分を零相変流器で検出することによって動作するものである（図 1-7）。

漏電による感電災害の防止対策として，現在では，この方法が最も優れていると考えられ，安衛則の第 333 条では，漏電による感電災害の多い移動式および可搬式の電動機器が使用される電路には感電防止用の漏電遮断装置を設けることを義務づけている。また，「電気設備に関する技術基準を定める省令の解釈」（電技解釈）の第 36 条にも，「金属製外箱を有する使用電圧が 60 V を超える低圧の機

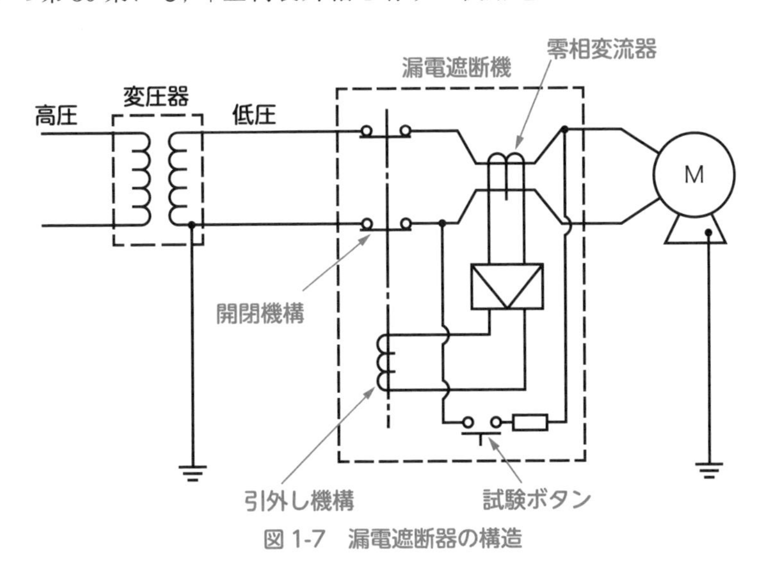


図 1-7　漏電遮断器の構造

表 1-5　定格感度電流と動作時間からみた漏電遮断器の種類

| 分類 | | 定格感度電流 ($I_n$)〔mA〕 | 動作時間 |
|---|---|---|---|
| 高感度形 | 高速形 | 5, 6, 10, 15, 30 | $I_n$ で 0.1 秒以内 |
| | 反限時形 | | $I_n$ で 0.3 秒, $2I_n$ で 0.15 秒,<br>$5I_n$ (または 250 mA) で 0.04 秒,<br>$10I_n$ (または 500 mA) で 0.04 秒 |
| 中感度形 | 高速形 | 50, 100, 200,<br>300, 500,<br>1000 | $I_n$ で 0.1 秒以内 |
| | 定限時時延形 | | $I_n$ で 0.1 秒を超え 2 秒以内 |
| | 反限時時延形* | | $I_n$ で 0.5 秒, $2I_n$ で 0.2 秒,<br>$5I_n$ で 0.15 秒, $10I_n$ で 0.15 秒 |
| 低感度形 | 高速形 | 3000, 5000,<br>10000,<br>20000, 30000 | $I_n$ で 0.1 秒以内 |
| | 定限時時延形 | | $I_n$ で 0.1 秒を超え 2 秒以内 |
| | 反限時時延形* | | $I_n$ で 0.5 秒, $2I_n$ で 0.2 秒,<br>$5I_n$ で 0.15 秒, $10I_n$ で 0.15 秒 |

(注)　* は, $2In$ において 0.06 秒の慣性不動作時間を持つ時延形の動作特性を示す。その他の場合, 製造業者の指定による。　(JIS C 8201-2-2：2011 を参考に分類)

械器具に接続する電路には, 電路に地絡を生じたときに自動的に電路を遮断する装置を原則として施設すること」と規定されている。

漏電遮断器は, 感電災害の防止以外に, 地絡による火災防止や電気機器の保護の目的にも使用されるため, 現在, いろいろな性能を有したものが規定されている。JIS C 8201-2-2：2011 (低圧開閉装置及び制御装置—第 2-2 部：漏電遮断器) によれば, 漏電遮断器の性能として定格感度電流と動作時間の違いによって**表 1-5** に示すような種類がある。このうち, 感電防止用の漏電遮断装置とは, 一般に高感度高速形のものが該当する。

また, 感電防止用の漏電遮断器の接続および使用の安全基準については, 厚生労働省から技術上の指針が公表されている (第 5 編第 7 章参照)。

## (2) 保護接地の実施

電気機器の金属製ケースを十分に低い接地抵抗で接地して, 漏電時に電気機器の金属製ケースに生ずる対地電圧※を低く抑えて感電災害を防止する方法である。

※　対地電圧とは, 接地式電路であれば電線と大地間の電圧をいい, 非接地式電路であれば電線間の電圧をいう。

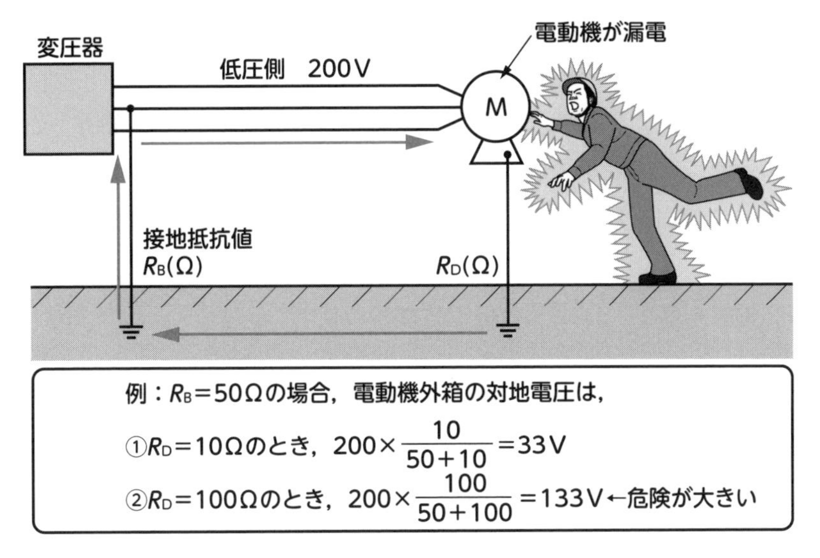


図 1-8　保護接地の目的が達成されない場合

なお，低圧の電気機器の金属製ケースには，電技解釈により，D 種接地（接地抵抗 100 Ω以下）または C 種接地（接地抵抗 10 Ω以下）が施される。このような場合に電気機器で漏電が生じたとき，金属製ケースに生ずる対地電圧は，C 種または D 種接地の抵抗値と電源変圧器の低圧側の一端に施される B 種接地の抵抗値との按分比によって決定される。一般に，B 種接地の抵抗値が非常に低いので，仮に電気機器の金属製ケースを 100 Ωで接地しても，保護接地の目的が達成されない場合がある（図 1-8）。

## (3) 非接地方式電路の採用

非接地方式の電路とは，電源変圧器の低圧側の中性点または一端子を接地しない電路である。このような電路では，人が漏電している電気機器の金属製ケースに触れても，地絡電流の流れる電気回路が一般に構成されないため安全である。ただし，非接地式電路が長くなると，電路の対地静電容量の増加などによって地絡電流が増加し，非接地方式にした効果が失われる。

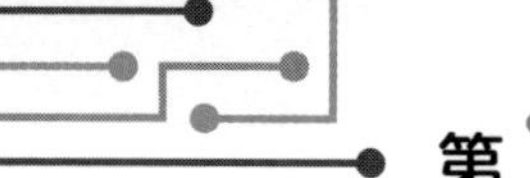



## (4) 二重絶縁構造電気機器の使用

二重絶縁構造の電気機器とは，電気機器の充電部分が，「機能絶縁」と「保護絶縁」によって二重に絶縁されているか，あるいはこれらと等価な強化絶縁によって絶縁された電気機器をいう。このような電気機器では，機能絶縁のみの一般の電気機器に比べて漏電を生ずることが非常に少なく，感電災害の危険性が減少する（第2編第4章2「(5) 二重絶縁電気機器の使用」参照）。

## (5) 低電圧電源の採用

電源電圧が24 Vまたは42 Vであるような低電圧電気機器を使用し，万一漏電を生じ，地絡電流が人体に流れても，人体が危険になるほどの電流が流れないようにして感電災害を防止する方法である。

電気機器の電源が100 Vや200 Vであっても，作業者が接近する付近の操作回路の電圧を低電圧にして，電気機器を遠隔操作する場合も同様の趣旨である。

# 第4章 接　地

## 1 接地の目的

電気回路が正常な状態であれば，電気機器の金属製ケースや金属製電線管などのいわゆる非充電金属部分には電圧が加わっていない。しかし，電動機の巻線の焼損，または絶縁電線やキャブタイヤケーブルなどの絶縁被覆の劣化などによって，電動機のケースや金属管に漏電すると，この部分に対地電圧が現れる。この場合，大地に立っている人がこの金属部分に触れると，電流が人体を通って大地に流れるため，感電災害が発生する。そこで，電動機のケースや金属管を大地と導線で電気的に接続しておけば，万一漏電した場合でも，導線を介して漏れ電流が大地に流れ，ケースや金属管に生ずる対地電圧をある程度制限することができる。このように，ケースや金属管などと大地を導線で電気的に接続することを**接地**（**アース**）という。

また，上記と異なり，次のようなものも接地（アース）という。高圧から低圧へ下げる変圧器の一次巻線（高圧側）と二次巻線（低圧側）とは，通常は変圧器内の油などで絶縁されているが，油の劣化などで万一，巻線間の絶縁が不良となり混触するようなことが起きると，二次巻線を経て低圧側の電路に高圧が加わり，電気機器や電路の破損，ひいては感電や電気火災を起こす危険がある。そこで，変圧器の二次巻線の一端と大地を導線で接続して，変圧器内部での混触事故に対して，低圧側の電路に高い電圧が発生しないようにしている。

このように，接地は種々の目的で実施される。一般に，前者のように電気機器のケースや金属管に施される接地は**機器接地**，後者のように変圧器二次巻線の一端に施される接地は**系統接地**といわれる。なお，機器接地の目的は，先に述べたような感電災害の防止だけでなく，系統接地と同様に漏電火災の防止や電気機器等の焼損防止なども兼ねている。

## 2 接地工事の種類と接地抵抗値

接地することを**接地工事**という。接地工事の種類および「接地抵抗値」などは，電技解釈の中で**表 1-6** のように規定されている。

接地抵抗値は，接地を施す大地の地質や湿り具合，温度などに影響され大幅に変動するので，接地工事は電気工事士によって確実に施工し，いかなる場合でも**表 1-6** に示す値以下に保たれることが大切である。

**表 1-6　接地工事の種類，接地抵抗値など**

| 接地工事の種類 | 接地箇所 | 接地抵抗値 | 接地線の種類 |
|---|---|---|---|
| A 種接地工事 | 高圧用または特別高圧用の機器の金属製の台および外箱 | 10 Ω以下 | 引張強さ 1.04 kN 以上の金属線または直径 2.6 mm 以上の軟銅線 |
| B 種接地工事 | 高圧または特別高圧と低圧を結合する変圧器低圧側の中性点，ただし低圧側が 300 V 以下で，中性点に施せないときは，その一端子 | $\frac{150}{I}$ Ω以下<br>ただし，変圧器の一次側が高圧または 35,000 V 以下の特別高圧の電路で，<br>・混触時 1 秒を超え 2 秒以内に自動的に遮断できる場合，<br>$\frac{300}{I}$ Ω以下<br>・混触時 1 秒以内に自動的に遮断できる場合，<br>$\frac{600}{I}$ Ω以下 | 引張強さ 2.46 kN 以上の金属線または直径 4 mm 以上の軟銅線（高圧電路または特別高圧架空電線路の電路と低圧電路とを変圧器により結合する場合は，引張強さ 1.04 kN 以上の金属線または直径 2.6 mm 以上の軟銅線） |
| C 種接地工事 | 300 V を超える低圧用の機器の金属製の台および外箱 | 10 Ω以下<br>ただし，地絡時 0.5 秒以内に自動的に遮断できる場合，<br>500 Ω以下 | 引張強さ 0.39 kN 以上の金属線または直径 1.6 mm 以上の軟銅線 |
| D 種接地工事 | 300 V 以下の低圧用の機器の金属製の台および外箱 | 100 Ω以下<br>ただし，地絡時 0.5 秒以内に自動的に遮断できる場合，<br>500 Ω以下 | |

（電技解釈第 17，24，29 条を参考に作成）

（注）1. $I$ は電路の一線地絡電流（A）を示す。
2. 高圧または特別高圧と低圧とを結合する変圧器については，低圧電路が非接地である場合，混触防止板付変圧器を用い，混触防止板に B 種接地工事を施す。
3. 上表にかかわらず，B 種接地工事の接地抵抗値は 5 Ω未満の値であることを要しない。
4. 移動して使用する電気機械器具の金属製外箱等に接地工事を施す場合において，可とう性を必要とする部分の接地線については，表 1-7 を参照。
5. 例外や詳細については，電技省令第 10 条～第 15 条および対応の電技解釈の各条参照。

この表からわかるように，B種接地工事が系統接地に，A種，C種およびD種接地工事が機器接地に相当する。

**A種接地工事**は，高圧用の変圧器，油入遮断器などの外箱や避雷器に施され，その接地抵抗値は10 Ω以下である。

**B種接地工事**は，変圧器の高圧側と低圧側との混触による危険を防ぐため低圧側の巻線に施されるもので，その接地抵抗値は，所定の値（自動遮断できない場合は150 V，1秒を超え2秒以内に自動遮断できる場合は300 V，1秒以内に自動遮断できる場合は600 V）を超える異常電圧を発生しないような抵抗値である。

**C種接地工事**は，300 Vを超える低圧用の機器の外箱や鉄台に施されるもので，その接地抵抗値は，原則として10 Ω以下，**D種接地工事**は，300 V以下の低圧用の機器の外箱や鉄台に施されるもので，その接地抵抗値は，原則として100 Ω以下と規定されている。

なお，感電災害の防止の観点から機器接地をみた場合，機器接地の抵抗値が系統接地の抵抗値に比べて十分低い値でない限り，感電災害の目的を果たし得ず，この場合には漏電遮断器等を併用する必要がある。これに対して，感電災害の防止を果たすために，機器接地の抵抗値を系統接地の抵抗値に比べて十分低くした機器接地を，特に**保護接地**と称する場合がある（第3章2「(2) 保護接地の実施」参照）。

## 3 接地工事の方法

接地工事に当たっては，接地線の太さ，取付け方法，接地電極の種類などを十分考慮する。

接地線は，地絡電流を安全に流し得るものでなければならないので，**表1-6**に示す金属線または軟銅線を使用する。また，移動式または可搬式の電気機器のように，移動して使用する接地線は，可とう性（軸方向について，やわらかく折り曲げやすい性質）を必要とするので**表1-7**に示すキャブタイヤケーブルなどを用いる。

接地電極には，銅覆鋼棒や銅板などがあり，その埋設にはなるべく湿地帯など接地抵抗値の低い場所を選んで行う。また，接地電極を何本か並列に接続または連結することによって，接地抵抗を下げることができる（**図1-9**）。

接地線と電気機器および接地電極とは確実に接続し，ゆるみ，腐食その他の理由で接触が不完全にならないようにしなければならない。また，移動式または可搬式

表 1-7　移動して使用する電気機器に用いる接地線

| 接地工事の種類 | 接 地 線 の 種 類 | 接地線の断面積 |
|---|---|---|
| A 種接地工事 | 3 種クロロプレンキャブタイヤケーブル，3 種クロロスルホン化ポリエチレンキャブタイヤケーブル，4 種クロロプレンキャブタイヤケーブルもしくは 4 種クロロスルホン化ポリエチレンキャブタイヤケーブルの 1 心または多心キャブタイヤケーブルの遮へいその他の金属体 | 8 mm² 以上 |
| B 種接地工事 | 上記および 3 種耐燃性エチレンゴムキャブタイヤケーブル | |
| C 種接地工事および D 種接地工事 | 多心コードまたは多心キャブタイヤケーブルの 1 心 | 0.75 mm² 以上 |
| | 多心コードおよび多心キャブタイヤケーブルの 1 心以外の可とう性を有する軟銅より線 | 1.25 mm² 以上 |

（電技解釈第 17 条）

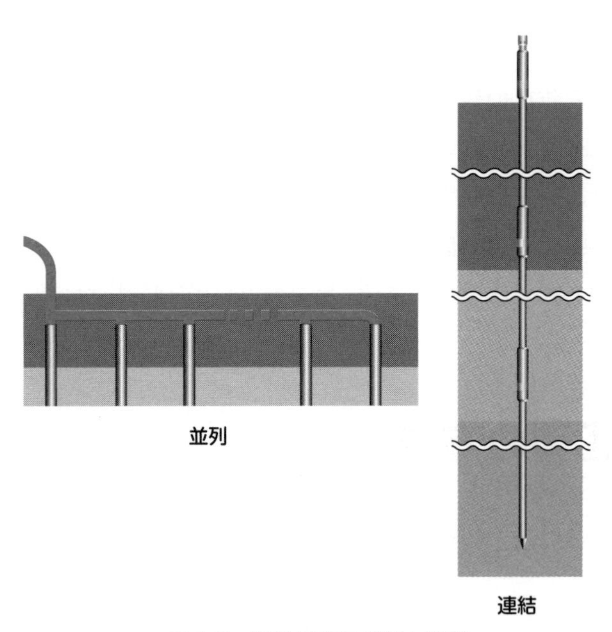


図 1-9　接地電極の並列と連結

の電動機の外箱の接地を行う場合は，1 心を専用の接地線とする多心ケーブル（電源および接地用）と，専用の接地端子を有するコンセント，プラグ，ケーブルコネクタなどを用いて行うことが望ましい。

# 第5章 電気絶縁

## 1 導体と絶縁体

物質には，電気をよく通す**導体**（銅，アルミニウム，鉄など）と，ほとんど通さない**不導体**（**絶縁体**ともいい，空気，磁器，ゴム，ビニルなど）およびその中間の性質をもつ**半導体**（ゲルマニウム，シリコン，セレンなど）がある。

配電線や電動機および変圧器などの巻線には銅などの導体が用いられ，電線の被覆にはゴム，ビニルなどの合成樹脂，電線の支持には磁器などの絶縁体が用いられる。また，半導体はトランジスタやダイオードなど，特殊な性質を示す電子部品に広く用いられている。

## 2 電気絶縁

電気を安全に適正に利用するには，電気回路以外の部分へ電気が漏れないようにすることが大切であり，電気配線や電気機器では，電線相互間，電線と大地間，巻線相互間などを絶縁物を用いて絶縁する必要がある。

これらを**電気絶縁**といい，電気絶縁は電気による事故を防ぐために極めて重要である。

絶縁物の性質として，電気を通すまいとする程度を**絶縁抵抗**という用語で表し，単位として普通MΩ（メガオーム。$10^6$ Ω）が用いられる。絶縁物が損傷して絶縁抵抗が低下すると，地絡や短絡事故が起こり，感電や火災などの原因となる。

また，活線作業や活線近接作業では，作業者が充電部分に触れると感電災害を起こすので，絶縁物でできた保護具や防具で作業者の手足や充電部分を絶縁する必要がある。

## 3 絶縁物の絶縁劣化と耐熱クラス

絶縁物は，次のような原因で絶縁劣化を起こして絶縁抵抗が低下する。

① 異常に高い電圧などによる電気的要因

② 振動，衝撃などによる機械的要因

③ 日光などによる自然環境的要因

④ 温度上昇による熱的要因

電線や電気機器の絶縁物として多く使用されているゴムやプラスチックなどの絶縁体はその種類や用途に応じ，熱的要因による絶縁劣化に対して，使用しうる最高の温度（許容最高温度）が決められている。これを**耐熱クラス**といい，**表 1-8** のように 9 種類に区分されている。

表 1-8　絶縁物の耐熱クラス

| 種別 | 耐熱クラス［℃］ | 絶縁物の種類 | 用途別 |
|---|---|---|---|
| Y 種 | 90 | もめん，絹，紙など | 低電圧の機器 |
| A 種 | 105 | 上記のものをワニスで含浸し，または油中に浸したもの | 普通の回転機，変圧器 |
| E 種 | 120 | ポリウレタン樹脂，エポキシ樹脂，メラミン樹脂系のものなど | 大容量および普通の機器 |
| B 種 | 130 | マイカ，ガラス繊維などで接着剤とともに用いたもの | 高電圧の機器 |
| F 種 | 155 | 上記の材料とシリコンアルキド樹脂の接着剤を用いたもの | 高電圧の機器 |
| H 種 | 180 | 上記の材料とけい素樹脂などの接着剤を用いたもの | 乾式変圧器など |
| N 種 | 200 | 生マイカ，磁器などを単独，または接着剤とともに用いたもの | 特殊な機器 |
| R 種 | 220 | | |
| ― | 250 | | |

（JIS C4003 を参考に作成）

## 4 保　　守

電路や電気機器等の保守を定期的に正しく行い，絶縁抵抗が低下しないようにすることが大切である。絶縁物の劣化の判定は，外観検査で分かるような場合は別として，一般には，絶縁抵抗測定（メガーテストといわれる）および絶縁耐力試験で行われる。

外観検査は，破損，き裂，ほこりの付着の有無などを調べる。また，絶縁電線やケーブルなどの電路は，絶縁抵抗計（メガーとも呼ばれる）を用いて絶縁抵抗を測定し，開閉器または過電流遮断器で区切ることのできる電路ごとに**表1-9**の値以上でなければならない。

表1-9　低圧電路の絶縁抵抗値

<table>
<tr><th colspan="2">電路の使用電圧の区分</th><th>絶縁抵抗値</th></tr>
<tr><td rowspan="2">300 V以下</td><td>対地電圧（接地式電路においては電線と大地との間の電圧，非接地式電路においては電線間の電圧をいう。以下同じ。）が150 V以下の場合</td><td>0.1 MΩ</td></tr>
<tr><td>その他の場合</td><td>0.2 MΩ</td></tr>
<tr><td colspan="2">300 Vを超えるもの</td><td>0.4 MΩ</td></tr>
</table>

（電技省令第58条）

# 第2編

# 低圧の電気設備に関する基礎知識

●第２編のポイント●

配電設備，変電設備など，電気が低圧に変圧されるまでの設備について基本的な知識を得るとともに，低圧電気の配線および配線機器，電気使用設備の感電防止措置などについて学ぶ。また，保守・点検の基本的事項について理解する。

# 第1章 配電設備

発電所で発電された電気は，送電線および二次変電所を経て，一般に 6,600 V の高圧などで配電され，200 V，100 V などの低圧，あるいは高圧のままで工場，事業場などに供給される（**図 2-1**）。そのための設備，すなわち**配電設備**は，各一般送配電事業者の仕様や施設する場所の状況などにより多種多様であるが，一般的な配電設備を示すと次のとおりである。

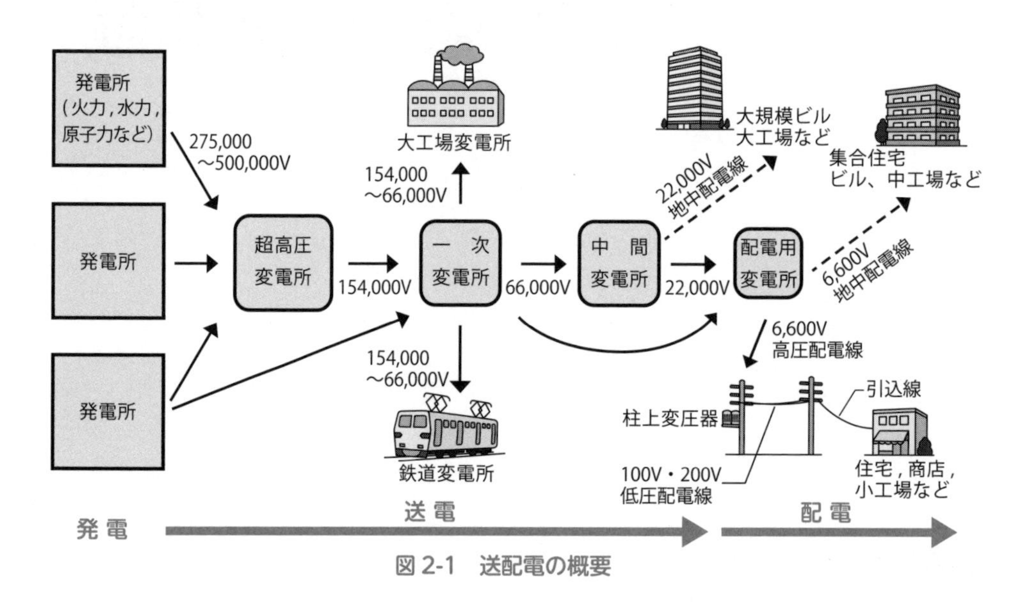


図 2-1 送配電の概要

## 1 高圧配電線路

高圧配電線路には，**架空配電方式**と**地中配電方式**がある。架空配電方式には一般に高圧絶縁電線が，また地中配電方式には高圧電力ケーブルが用いられる。

## 2 支 持 物

架空電線を取り付ける支持物には，一般にコンクリート製の配電柱（図 2-2，図 2-3）が用いられる。配電柱には，一般に高圧線と低圧線を架線するために，腕金，がいし（高圧用，低圧用），避雷器（アレスター），区分開閉器，高圧引下げ線，高圧カットアウト，変圧器，低圧開閉器（省略されることもある）など，その配電柱の場所や役割に応じて種々の機器が装柱されている。

## 3 配電方式

高圧配電線路には，一般に，三相 3 線式による非接地配電方式が用いられ，その配電電圧は 6,600 V である。

低圧配電線路には，高圧から低圧へ下げる変圧器の低圧側巻線の一端に B 種接地工事（表 1-6 参照）を施す接地配電方式が用いられ，その線式は三相 3 線式，単相 3 線式または単相 2 線式等である（第 2 章 2 参照）。

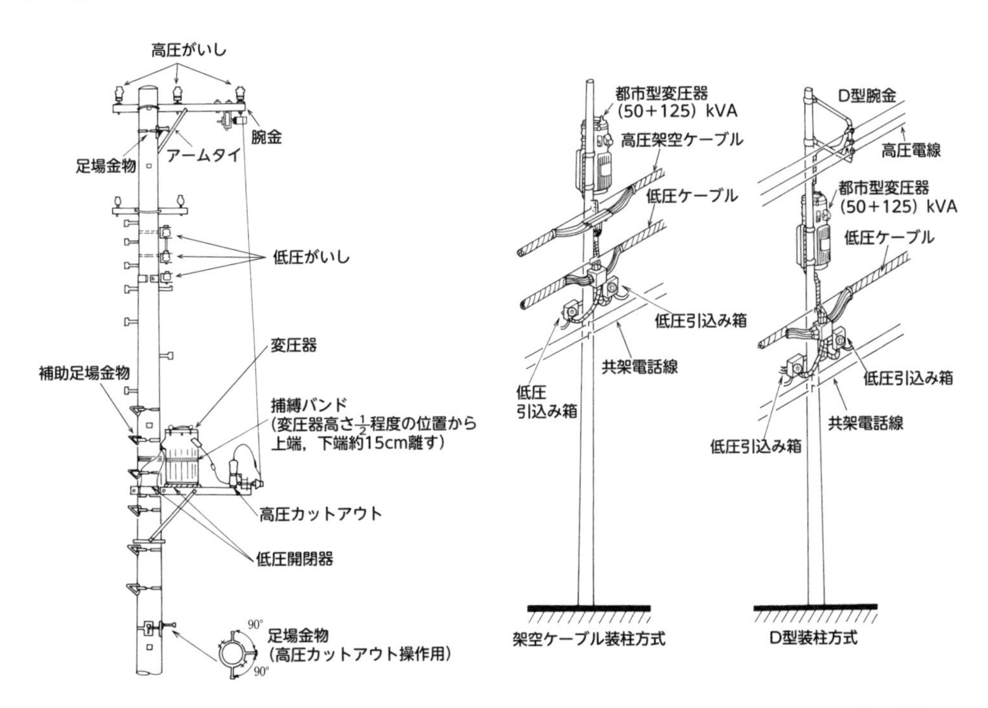


図 2-2　配電柱の例

図 2-3　都市形装柱方式の配電柱の例

# 第2章
# 変電設備等

電圧を上げたり下げたりする設備を一般に**変電設備**という。大口の電力を使用する工場などでは，一般送配電事業者から高圧または特別高圧で受電し，これを低圧または高圧に下げて各電気設備へ供給する。したがって，このような工場では，変電設備（受電設備）を所有している。変電設備には，変電室内に**図 2-4** のような開放組立方式の変電設備を設置する場合と**図 2-5** のようなキュービクル形式のものを設置する場合がある。

なお，事業者は，電気機械器具（電動機，変圧器，開閉器，分電盤，配電盤等）の充電部分で作業者が作業中や通行の際に接触・接近して感電する危険のあるものに感電防止のための囲いまたは絶縁覆いを設けなければならないこととされているが，電気取扱者以外の者の立入りを禁止した変電室等の区画された場所や，電柱上など電気取扱者以外の者が接近するおそれのないところに設置する電気機械器具についてはこの限りでない（第5編第4章，安衛則第329条参照）。変電設備には危険なものが多いので，決められた電気取扱者以外の者は，みだりに入ってはならない。

**図 2-4　開放組立方式**

**図 2-5　キュービクル形式**

# 1 変電設備の主要機器類

図 2-6 は変電設備における電気系統図の概略の一例を示したものであり，そこに変圧器（T），遮断器（CB），断路器（DS），母線などの主要機器類が設置されているほか，電力を安全に受配電するための各種保護継電器などが設置されている。

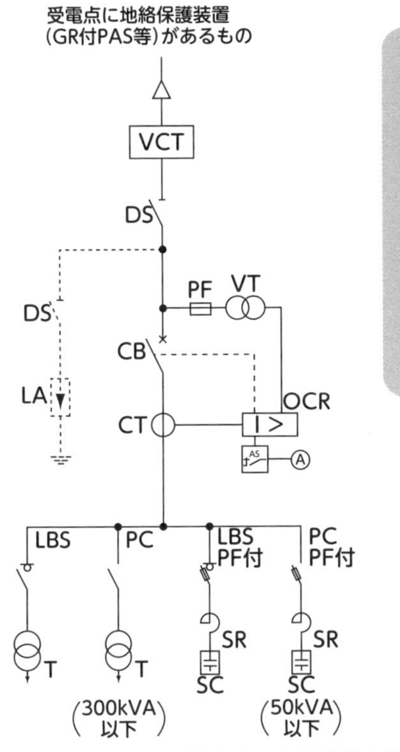


〔注〕VCT：電力需給用計器用変成器
DS　：断路器
PF　：高圧限流ヒューズ
VT　：計器用変圧器
CB　：高圧交流遮断器
LA　：避雷器
CT　：変流器
OCR：過電流継電器
LBS　：高圧交流負荷開閉器
PC　：高圧カットアウト
T　：変圧器
SR　：直列リアクトル
SC　：高圧進相コンデンサ

図 2-6　変電設備の電気系統図の概略
（(一社) 日本電気協会「高圧受電設備規程 JEAC8011-2020」をもとに一部改変）

# 2 電気方式

変電設備で低圧にされた電路の電気方式には，代表的なものとして図 2-7 に示すように，単相 2 線式 100 V，200 V，単相 3 線式 100 ／ 200 V，三相 3 線式 200 V，三相 4 線式 415／240 V などがある。前述のとおり，低圧側巻線の一端に B 種接地工事を施す接地配電方式が用いられる。

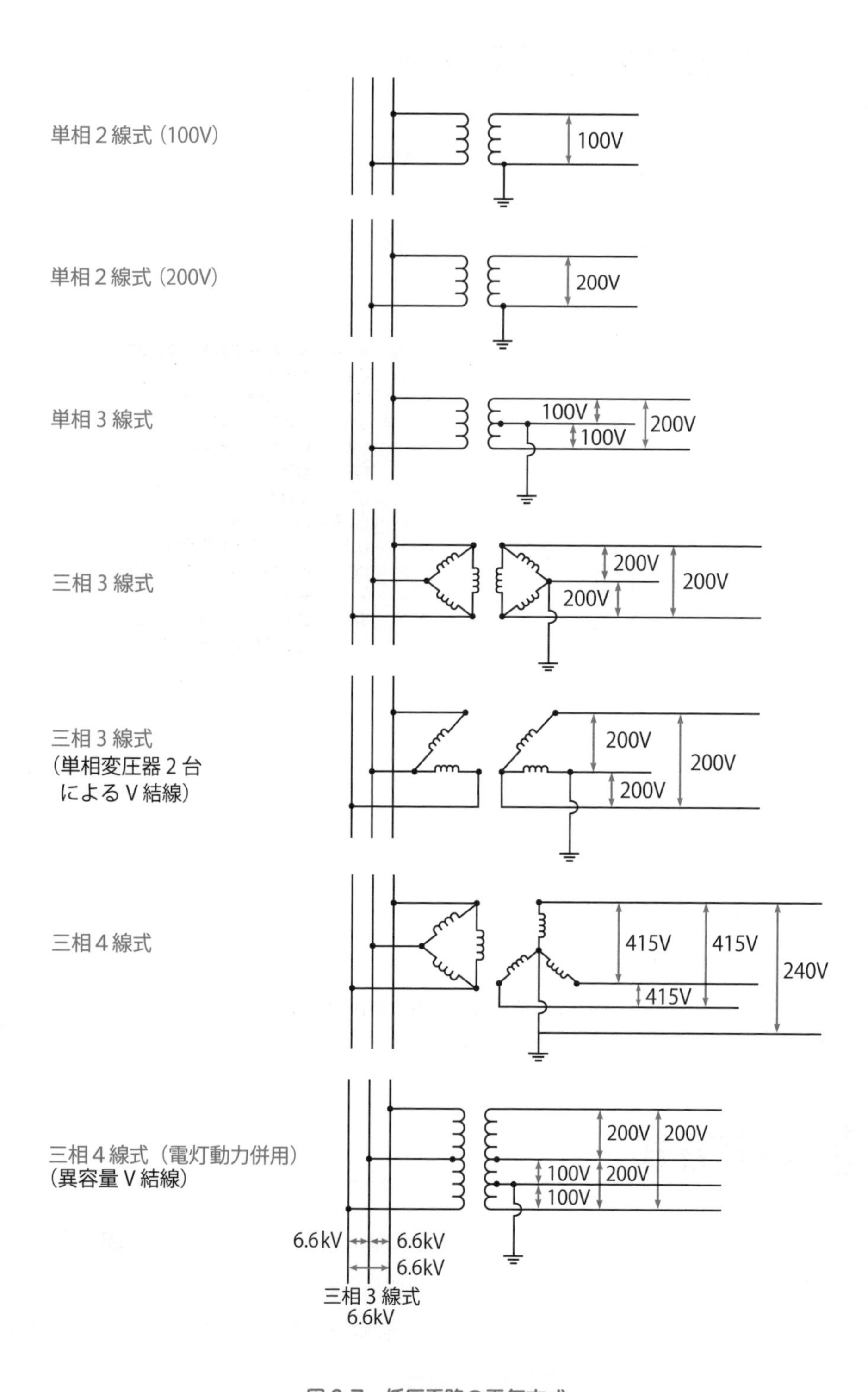


図 2-7　低圧電路の電気方式
（一次側が三相３線 6,600 V の例）

## 3 分電盤内の機器類

ビルや工場で高圧で受電された電気は，変圧器・低圧配電盤などを経て**分電盤**に配線され，負荷側に分配されている（高圧のまま使用される場合もある）。**図 2-8** に電気取扱者以外が入室することのない場所に施設されている分電盤の例を示す。この例では，左上の電源側端子から主幹ブレーカーの電源側に接続され，主幹ブレーカーの負荷側からは，ブスバーにより各分岐ブレーカーに接続されている。なお，主幹ブレーカーの端子やブスバー，分岐ブレーカー（**図 2-9**）の端子は露出しているが，電気取扱者以外の者が接触・接近して感電のおそれがある場所に施設する場合には，分電盤に施錠したり，容易に接触できないよう充電部にカバーをすることが必要である。

図 2-8　分電盤の例

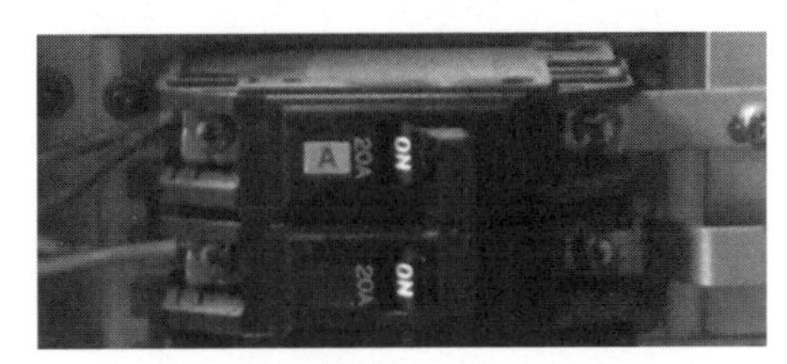


図 2-9　分岐ブレーカー（拡大）

また，一般住宅では，柱上変圧器，引込線，引込開閉器などを経て家庭用の分電盤（**図 2-10**）に配線されている。この例では，左のアンペアブレーカー（小売電気事業者等が設置）から，主幹ブレーカー（中央下。漏電遮断器），ブスバー（カバーされている），各分岐ブレーカーと接続され，負荷側に分配されている。なお，この写真のブレーカーは端子がカバーされているか，または差込接続式のものが使われており，充電部に容易に接触できない構造となっている。

図 2-10　家庭用分電盤の例

# 第3章 配線等

一般の工場内，建設現場その他電気使用場所には，電灯，動力などの機器に電気を供給するための配線と配線機器等がある。これらは主に100 V，200 Vなどの低圧のものが多く，その代表的なものには次のようなものがある。

## 1 配線

配線には，大別して，支持物などに固定した配線（臨時に使用される仮配線がほかにある。）と移動して用いる移動電線とがあり，**固定配線**には，絶縁電線を金属管や合成樹脂管などに収めて配線する場合と，ケーブルを壁などに直接固定して配線する場合がある。**移動電線**としては，耐摩耗性，耐衝撃性，耐屈曲性が大で，かつ耐水性のあるキャブタイヤケーブルが使用される。

### (1) 裸電線の使用禁止

工場内その他屋内に施設する電線には，裸電線を使用すると感電のおそれがあるので原則として裸電線を使用してはならない（電技省令第57条第2項）。電気炉用電線，めっき職場のように電線被覆が腐食する場所の電線，天井クレーン等のトロリー線など適用除外となる場合を除き，絶縁した電線を用いること。

### (2) 電線の絶縁被覆と絶縁抵抗

電線の絶縁被覆が損傷していたり，絶縁抵抗が低下していると，感電の危険があるので，被覆を損傷しないよう維持するとともに，絶縁抵抗を測定し，**表1-9**（39頁）に定める値を下回らないように常時保持しておくことが必要である。

### (3) 絶縁被覆を施した電線の許容電流

銅線等にある値以上の電流を流すとジュール熱によって発熱し，さらには溶融することがある。絶縁電線やケーブルのように絶縁物で被覆されているものは，一定以上の電流が流れると絶縁物が早く劣化し，ついには絶縁物が熱で焼損し感電や漏電・火災の原因となり危険である。

したがって，電線には安全に流しうる電流の大きさが定められており，絶縁被覆を施した電線では，周囲温度が30℃以下の条件で，絶縁被覆の温度が所定の温度（例えば，ビニル絶縁電線では，60℃）を超えないような電流の値を，許容電流（または安全電流）という（巻末「参考資料2」 **表6-1～表6-5**参照）。

### (4) 絶縁電線，ケーブルなどの接続

絶縁電線やケーブルあるいはコードなどを接続する際に，心線を簡単にねじってビニルテープを巻いておく程度では，接続部分が接触不良となり，発熱して危険になるので正しい接続を行うことが必要である。

#### ア　絶縁電線相互または絶縁電線とケーブルなどを接続する場合

スリーブなどによる圧着接続が最もよい。接続部分は，絶縁電線の絶縁被覆と同等以上の絶縁効力となるよう絶縁テープ（電気絶縁用ビニル粘着テープ，電気絶縁用ポリエステルフィルム粘着テープなど）で十分に，被覆すること。

#### イ　ケーブル相互を接続する場合

ケーブルコネクター（コードコネクター），接続箱など接続器具を用いる。

### (5) 移動電線

移動電線は，携帯電動工具，溶接機，ハンドランプなど移動式や可搬式の電気機器に用いられるが，いろいろな原因で被覆が損傷しやすいので，その選定，扱い方などに注意する必要がある。

低圧のキャブタイヤケーブル（**図2-11**）には，外装の絶縁物の種類およびケーブルの構造によって，ゴムキャブタイヤケーブル（1種～4種），クロロプレンキャブタイヤケーブル（2種～4種），クロロスルホン化ポリエチレンキャブタイヤケーブル（2種～4種）およびビニルキャブタイヤケーブルの種類がある。

図 2-11　キャブタイヤケーブル

図 2-12　コードリール
（写真は漏電遮断器付きのもの）

キャブタイヤケーブルが使われているコードリール（コンセント，プラグ，巻き上げ機構を有する）の例を**図 2-12** に示す。

油でよごれた床などで一般のゴム被覆のキャブタイヤケーブルを用いると，被覆が早く傷むのでクロロプレンキャブタイヤケーブルなど合成ゴム被覆のものを用いるとよい。また，水気のあるところでは，防水構造のキャブタイヤケーブルなどを用いる必要がある。

さらに移動電線を通路面や重量物を扱う床面などで用いるときは，車両や重量物などによって被覆が損傷しないように，プロテクターなどで保護しなければならない。

## (6) 接触電線

天井走行クレーンのトロリー線などの接触電線には，裸線の使用が許されるが，集電子が接触して摺動する部分以外の部分を絶縁物で覆った構造の絶縁トロリーやトロリーバスダクトを用いることが望ましい。なお，裸電線を使用する場合は，特に人に触れるおそれのないように設置するか，または接触防止の覆いなどを設けたりする措置が必要である。

**図 2-13** に，絶縁トロリー線の構造の一例を，**図 2-14** に絶縁トロリー線が設置された天井走行クレーンを示す。

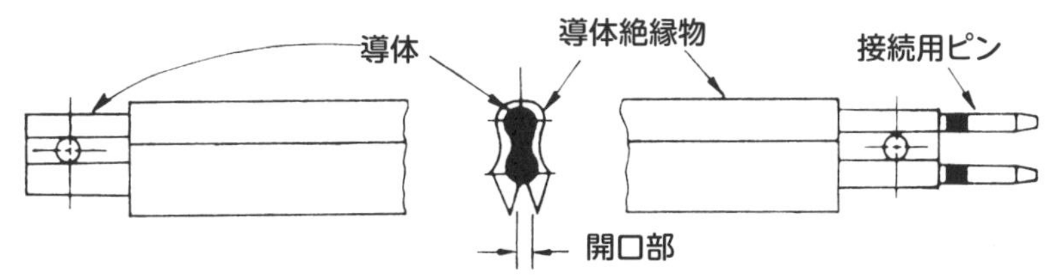


図 2-13　絶縁トロリー線の構造（一例）

図 2-14　絶縁トロリー線

## (7) 接地線および接地側電線の色別

電気機器の金属製ケースに施す接地線と電路の電圧側電線を混同したり，接地線と電路の接地側電線（変圧器低圧側で接地されている相の電線）とを混同して接続し，事故を起こさないために接地線などは色分けしておくこと。色分けは，日本産業規格（JIS）によって，次のように定められている（JIS C 0446：色又は数字による電線の識別）。

接地線……緑／黄の組合せおよび緑

接地側電線……ライトブルーまたは白（薄い灰色）

### (8) 臨時配線（仮配線）

臨時配線は，近く撤去するという考えから，ともすると不完全な状態で使用されることが多く，感電災害の原因になるので，適正な管理が必要である。

絶縁電線は外傷保護の被覆がなく絶縁被覆が損傷しやすいため，仮配線にはケーブルを用いる。また，不要になった配線は直ちに撤去するか，やむをえない場合は端末を絶縁テープなどで確実に被覆しておくことが大切である。

## 2 配線機器等

### (1) 開　閉　器

刃部の露出した古いタイプのナイフスイッチ等は使用せず，配線用遮断器（図2-15），カバー付ナイフスイッチ（図2-16），箱開閉器，電磁開閉器などを用いる。これらの開閉器等は，それぞれ接続する電気機器の出力に適した安全な容量のものを選ぶことが大切である。

図2-15　配線用遮断器
（写真はモーター保護兼用）

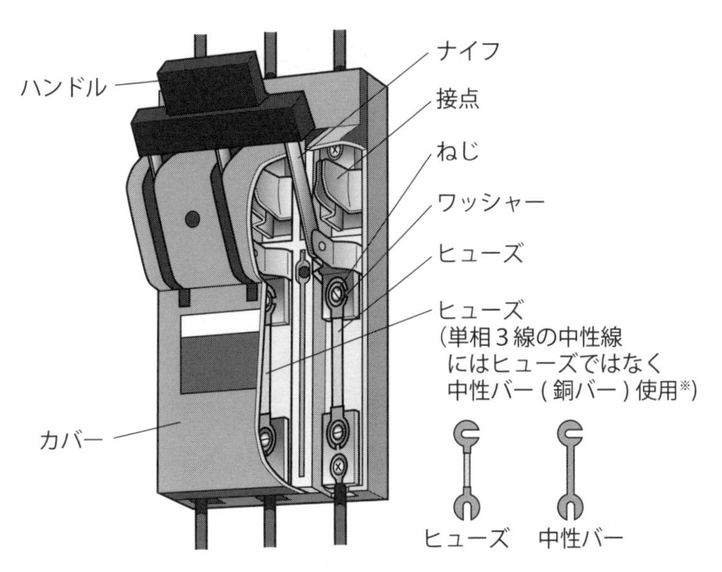


図 2-16 カバー付ナイフスイッチの構造

また，開閉器には，用途，操作責任者名，切入の別，ヒューズ容量（カバー付ナイフスイッチや金属箱開閉器の場合）などを表示しておくことも必要である。

なお，カバー付ナイフスイッチやモーター保護機能のない配線用遮断器は，分岐用や抵抗負荷などの開閉用にはよいが，電動機の起動，停止などに用いるのは好ましくない。電動機の起動，停止などに使用する開閉器には，起動電流で切れず，しかも運転中の過負荷に対して保護のできる電動機用モーター・ブレーカーなどの使用が望ましい。

## (2) ヒューズ

ヒューズは，電路で短絡が生じた場合に瞬時に遮断し，電気機器や配線を保護する重要な役目を果たすものである。ただし，ヒューズは多少の過電流に対しては動作が不確実であるので短絡保護用として用い，過負荷保護用には配線用遮断器を用いることが望ましい。

※ 単相3線式（100 V ／ 200 V）では，中性線が欠相すると機器に異常電圧が加わる可能性があるため，中性線には中性バーを使用する。

## (3) 電気機器の端子と電線との接続部

端子と電線との接続部は，振動などでゆるんだり，締付不良で過熱したりすることがないよう電気的，機械的に確実に接続することが必要である。そのためには，座金やスプリングワッシャーを用いて，接続部がゆるまないように，もしくは接続した電線の素線がはねないようにすること，また，端子が露出していたり，接続する電線の被覆をむき過ぎて心線が露出しないようにすることが必要である。締付接続部にマジック等でマーキングをする，サーモラベルを貼り付ける等により，締付不良を容易に発見することができる。

## (4) コンセント，プラグ，コネクター等

電源と電気機器とを簡便に接続して使用するものにコンセントとプラグがあり，また，移動電線相互を接続するものとしてケーブルコネクターがある。そのほか，電灯など小容量の電気機器を簡便に接続するための器具としてテーブルタップなどがある。

これらは，いずれも一般の職場でよく使用され，使用頻度も高いため破損し危険になりやすいので注意が必要である。

動力用や電灯用など接地を必要とする電気機器に使用する場合には，接地極付きのものを用い，かつ接地極には接地線を間違いなく取り付けておくことが必要である。

なお，プラグやコネクターは開閉器，スイッチではないので，電気機器を運転した状態でプラグやコネクターによって負荷電流を切らないようにすることも損傷防止のため重要である。

# 第4章 電気使用設備



電気使用設備による感電災害には，いろいろなものがあるが，なかでも交流アーク溶接機，移動式や可搬式の電動機器およびハンドランプにあっては作業環境や使用条件が過酷な場合が多く，感電災害が発生しがちである。そこで，特にこれらを例にあげて感電防止に必要な事項を述べる。なお，そのほかの電気使用設備についてはこれらを参考にして検討してほしい。

## 1 交流アーク溶接機

### (1) 交流アーク溶接機の回路電圧

一般に用いられている交流アーク溶接機では，入力側（入力ケーブル）の電圧は200 Vであり，また，出力側（溶接ケーブル）はその無負荷時の電圧（アークの発生を止めたときの溶接棒ホルダーの電圧）は一般的には85 Vのものが多いが，この電圧でも感電すると死亡の危険性が高く，対策が必要である。

このような溶接機による感電災害は，無負荷時における溶接棒ホルダーの充電部，溶接棒の心線などに触れた場合が最も多く，また，溶接機の入力側回路の充電部に触れた場合や，溶接機の外箱への漏電による場合がある。

したがって，溶接機の出力側による感電に対しては，クランプ部以外の部分が絶縁物で覆われた絶縁形の溶接棒ホルダーを用いるとともに，アークを切った後，遅動時間（1.5秒以内）後に，溶接棒と被溶接物の間の電圧が自動的に25 V以下の安全電圧になり，アークの起動のときにのみ所定の電圧が得られるように制御する**自動電撃防止装置**を使用する。また，溶接機の外箱への漏電による危険に対しては，入力側回路に漏電遮断器を設置するとともに，溶接機外箱を確実に接地しておくことが必要である。

## (2) 交流アーク溶接機用自動電撃防止装置

自動電撃防止装置には，大別して，その主接点を溶接機の入力側回路に設けたものと，出力側回路に設けたものとがある。

図 2-17 ～図 2-19 は，溶接機とその入力側回路に主接点を設けた自動電撃防止装置の構成，動作回路図，動作説明図を例示したものである。この例では，無負荷時は溶接棒やホルダーには 25 V の安全電圧が現れている。アークを発生するには，溶接棒を母材に接触させると起動電流が流れ，これを変流器で検出し信号を制御装置に送り，$S_2$ が開放され，$S_1$ が投入されてアークが発生する。アークを停止すると約 1 秒後に逆に $S_1$ が開放し $S_2$ が投入されてホルダーには再び安全電圧が現れる。

自動電撃防止装置は JIS C 9311（交流アーク溶接電源用電撃防止装置）によって**高抵抗始動形**と**低抵抗始動形**とがあるが，母材がさびていたり塗料が塗られている場合，高抵抗始動形を用いると作業性を損なうことがない。ただし，床面がぬれていたり，鉄骨等の導電性のものの上では誤起動するおそれもあるので，それぞれの使用目的に応じ使い分ける必要がある（感電災害防止のためには低抵抗始動形を用いることが望ましい）。

なお，自動電撃防止装置は労働安全衛生法第 44 条の 2 により厚生労働省の型式検定品目に指定されており，型式検定に合格したものでなければ使用できない。また，「交流アーク溶接機用自動電撃防止装置の接続及び使用の安全基準に関する技術上の指針」において，装置の取付けおよび溶接機との配線と 6 カ月以内ごとの定期の検査は，電気取扱者等（電気取扱者特別教育を受けた者等）が行うこととされている（日常の使用開始前点検はアーク溶接の特別教育を受けた溶接作業者が実施）。

## (3) 溶接棒ホルダー

被覆アーク溶接棒を保持し，ケーブルから溶接棒に溶接電流を通じる器具が，溶接棒ホルダーである。このホルダーは，安衛則の第 331 条に「感電の危険を防止するため必要な絶縁効力及び耐熱性を有するものでなければ，使用してはならない。」と規定されており，具体的には，JIS C 9300-11：2015（アーク溶接装置－第 11 部：溶接棒ホルダ）に定める規格に適合したもの，または，これと同等以

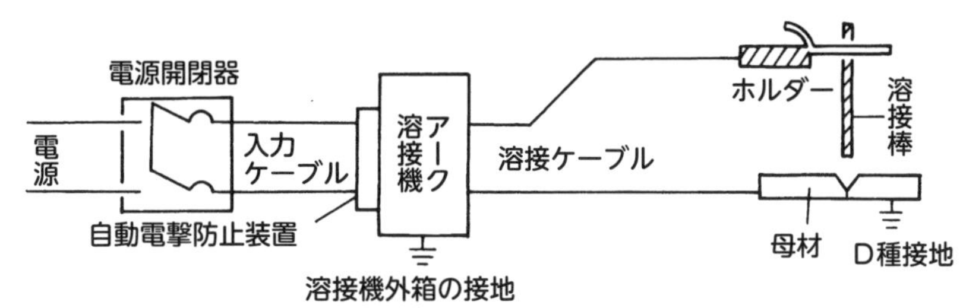


図 2-17　交流アーク溶接機の構成と接続

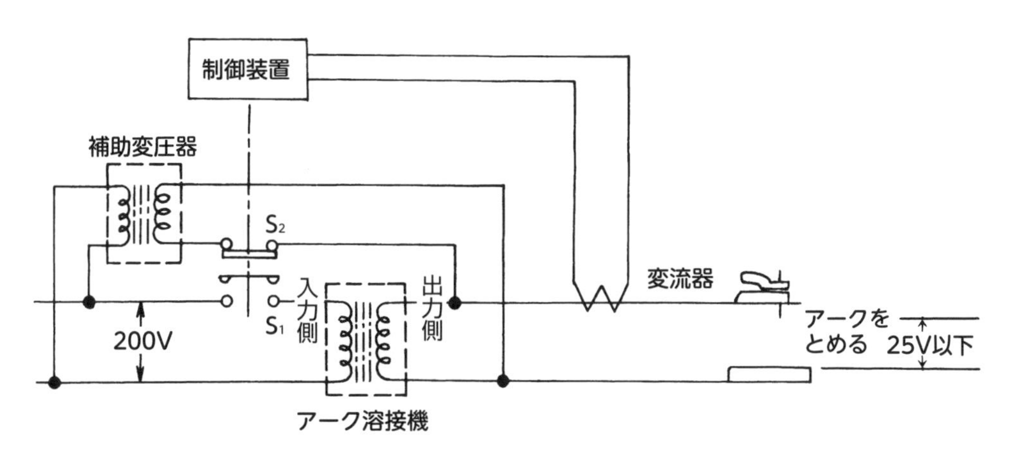


図 2-18　自動電撃防止装置の動作回路図

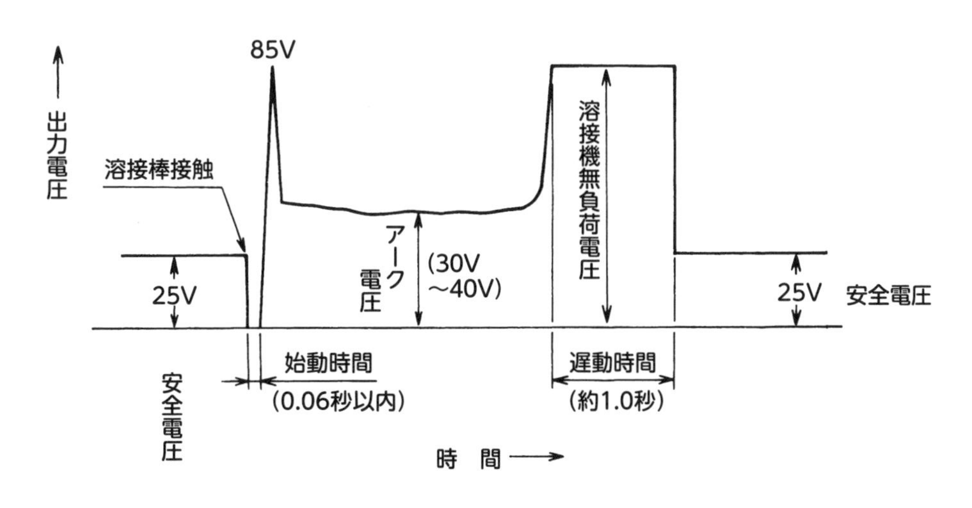


図 2-19　自動電撃防止装置の動作説明図

表 2-1　溶接棒ホルダー部の寸法要求（タイプ J）

| ホルダーの<br>定格電流<br>A | つかみ得る溶接棒径の<br>最小限の適合範囲<br>mm | 溶接ケーブルの断面積の<br>最小限の適合範囲<br>$mm^2$ |
|---|---|---|
| 125 | 1.6 ～ 3.2 | 14 ～ 22 |
| 150 | 3.2 ～ 4.0 | 22 ～（30） |
| 200 | 3.2 ～ 5.0 | （30）～ 38 |
| 250 | 4.0 ～ 6.4 | 38 ～（50） |
| 300 | | |
| 400 | 5.0 ～ 8.0 | 60 ～（80） |
| 500 | 6.4 ～（10.0） | （80）～ 100 |

（注）（　）の数値は，JIS C3404 および JIS Z3211 に規定されていないものである。
（JIS C 9300-11：2015 付属書 JA）

図 2-20　一般的な溶接棒ホルダー（例）

上の絶縁性および耐熱性を有するものを使用する。わが国固有のタイプ J 溶接棒ホルダーの寸法要求を**表 2-1** に，国内で広く普及している溶接棒ホルダーの一例を**図 2-20** に示す。

なお，溶接棒ホルダーは，感電の危険がないように導電部分が絶縁物で覆われているが，使用中溶接棒が短くなるとアークの高熱によって頭部の絶縁物が焼損し，脱落して充電部分が露出したり，溶着粒（スパッタ）が付着して危険な状態になる。そのため，ホルダー頭部の絶縁物は予備品を常備しておき，危険になる前に補修して常に安全な状態にしておく必要がある。

## (4) 溶接ケーブル

溶接機の出力側の配線には溶接ケーブルを用いる。溶接ケーブルには導線用とホルダー用があり，溶接棒ホルダー付近にはホルダー用ケーブルを用いると柔軟性があり作業がしやすい。また，溶接電流に応じた太さのものを用いる。一般

表 2-2　溶接ケーブル太さの選定例

| | | ケーブル太さ (mm²) | | | |
|---|---|---|---|---|---|
| ケーブル長 | | 20 m | 30 m | 40 m | 50 m |
| 溶接電流 | 200 A | 38 | 38 | 38 | 50 |
| | 300 A | 38 | 50 | 60 | 80 |
| | 400 A | 38 | 60 | 80 | 100 |
| | 500 A | 50 | 80 | 100 | 125 |

出典：(株) 産業技術サービスセンター『接合・溶接技術 Q&A1000』

に，溶接電流は数百 A と大きいため，溶接ケーブルの太さおよび長さは，溶接電流の大きさとケーブルの使用長に応じたものを選定し，そのケーブル太さに応じた溶接棒ホルダーを接続することが大切である。溶接ケーブルの選定例を**表 2-2** に示す。

### (5) その他

溶接機には手元に電源用開閉器を設けること。

母材，定盤は D 種接地工事を行うこと。

## 2 移動式または可搬式の電動機器

電気ドリル，電気グラインダ，コンプレッサー，バイブレーター，ベルトコンベヤーなどの移動式または可搬式の電動機器は，その使い方，使用場所などに影響され漏電の危険が少なくない。そこで，これらの電動機器の使用や選定などに当たっては，安全面から十分に検討することが必要である（第 1 編第 3 章参照）。

### (1) 絶縁劣化の防止

基本的には，漏電そのものを起こさせないようにすることが最も大切である。そのためには，電動機巻線の絶縁劣化や電動機の端子と配線との接続部の不完全等がないよう，絶縁抵抗の測定や接続部の点検，補修などを励行する。

### (2) 電動機器外箱の接地

万一，漏電した場合に金属製の外箱部分などに生ずる故障電圧を危険のないようにするために金属製外箱を接地する。移動式や可搬式機器では固定した接地が困難であるので，配線には１心を専用の接地線とする移動電線と専用の接地電極を備えたコンセント，プラグ，ケーブルコネクターなどを用い，通電と同時に電動機器の外箱が低抵抗で接地されるようにすることが望ましい。

### (3) 感電防止用漏電遮断装置の使用

漏電遮断装置はなるべく各分岐回路ごとに取り付けることが望ましい。例えば幹線に取り付け，数台の電気機器を保護すると，１台の故障のために回路全部が停電し，二次的事故を起こすおそれがあり，また，健全な電気機器までも停止させて作業に支障を来すことにもなる。

### (4) 非接地式電路の採用

非接地式電路では，充電部分に人が触れても大地間に電流が一般には流れず安全である。しかし，この方式の電路では一線地絡時に他の相の線も地絡すると大きな短絡事故を起こすことになる。また，このような事故につながる一線地絡相の検出が技術的に難しいこと等のため，接地式電路に比べて管理が難しい。したがって，電気主任技術者が常駐して十分に管理ができるような環境であれば，この方法も有効である。

### (5) 二重絶縁電気機器の使用

二重絶縁構造の電気機器は，電気機器そのものの機能のための絶縁（機能絶縁といわれる。）に加えて，感電を防止するために設けられた絶縁（保護絶縁といわれる。）を備えた構造の電気機器であり，一般に接地が忘れられがちな電動大工工具等の移動式・可搬式機器に用いられる（図 2-21，図 2-22）。

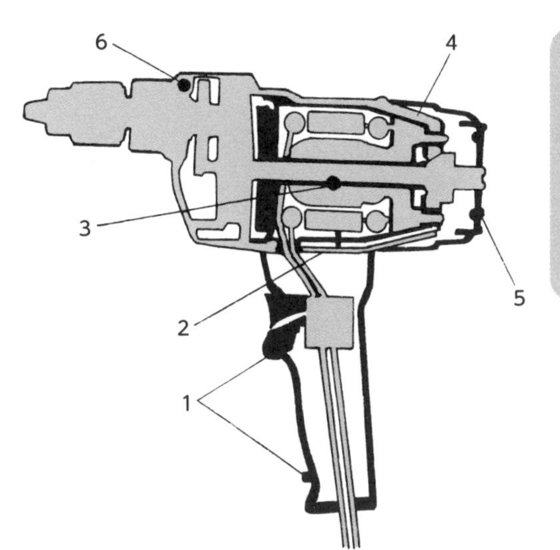


1：ポリカーボネートのハンドルおよびスイッチ
2：絶縁内張り
3：シャフトの絶縁
4：ブラシおよびアーマチュアの絶縁
5：ポリカーボネートのキャップ
6：アルミのハウジング

図 2-21　二重絶縁構造の電動工具

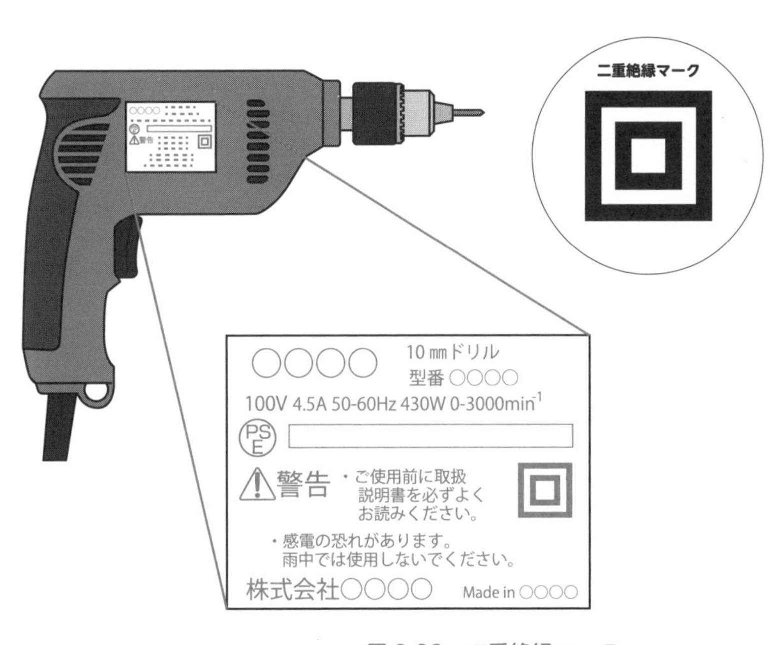


図 2-22　二重絶縁マーク

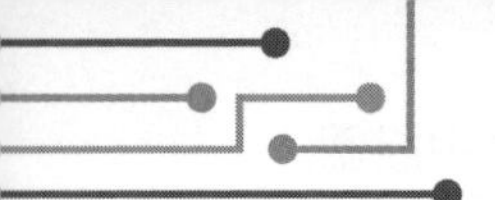

## ハンドランプなどの照明器具

ハンドランプは100 Vのものが多く，危険性の認識が低いが，ソケットの口金に触れ感電した例は意外に多く，注意が必要である。

感電防止のため，口金の露出しない構造のものを用いるとともに，口金部分への電線は接地側電線とすることも大切である。

また，ハンドランプは使用中に物が当たって電球が破損した場合，破片が目に入ったり，破損電球を取り替えようとして感電するおそれもあるので，丈夫で，できるだけ目の細かいガードを取り付けるなどの破損防止対策も必要である。

# 第5章 保守および点検



## 1 予防保全

低圧電気設備の保守および点検を行うに当たって重要なことは，過去の感電災害の事例や統計などをできるだけ詳しく，広範囲に調べ，次のような点を明らかにしておくことである。

① 災害の原因となった設備は何か。

② どのような物的，人的の状態などから災害になったか。

③ 災害頻度の高い設備は何か。

④ 災害に至らないための技術的対策は何か。

毎年発生する災害のほとんどは過去に発生したものと同じような災害が繰り返されているといってよい。そこで，過去に生じた類似の災害を二度と起こさせないよう，安全対策が職場の最先端にまで周知徹底される必要がある。

また，電気設備は，使用頻度にもよるが経年劣化するものであり，無理な運転をすると劣化を早める。したがって，定期的に点検し，劣化の兆候や異常を早期に発見して直ちに対処しうる管理体制を確立し，予防保全に努めることが大切である。

## 2 点　　検

### (1) 点検の種類

電気設備の保守のための点検は，不良箇所を早期に発見し，人身事故および設備事故の防止をはかるために実施する。

このため，点検により発見された不良箇所は，その程度に応じて適切に処理されなければならない。

点検の種別は，一般に日常点検，定期点検，精密点検，臨時点検の4つに分類されるが，現場では必ずしもこれらの間に明確な区分を設ける必要はないと思われる。

**ア　日常点検**

日常点検は，運転中の電気設備について目視による点検を日常随時行い，電気設備の異常の有無を確認し，また，電気設備に影響を及ぼす建築物などの状況を注意するものであるが，もし異常を発見すれば，必要に応じて直ちに臨時点検に切り替えて，管理者に報告し，その指示を受けて処置する。

**イ　定期点検**

一定期間ごとに，電気設備を停止し，各項目について，目視，測定器等により点検，測定を行うものである。

もし，電気設備が要注意の状態であると判断されたときは，臨時点検に切り替えて，管理者からの指示，点検・試験方法の精密化など適切な体制を整えて処置する。

**ウ　精密点検**

長期間の周期で機器などを分解して点検を行い，また，機器の機能について測定器具を用いて試験し，調整を行う。

**エ　臨時点検**

大別すると，電気事故が発生したときの点検と，異常が発生するおそれがあると判断したときの点検とに分かれる。

前者については，点検によってその原因を追究し，再発防止の処置を行う。

後者については，電気設備にとって好ましくない現象条件の変化に対応した点検を行い，その結果から判断して適切な処置を行う。

### (2) 点検器具の整備

電気設備の点検には大別して外観によるものと測定によるものとがある。電気は目に見えないことから測定器具による点検は特に重要である。そのためには，一般の職場において，少なくとも絶縁抵抗計（メガー），クランプ式電流計，接地抵抗計，表面温度計，回路計（テスター），低圧検電器などを備えておくことが望ましい。なお，これらの点検器具は台帳等により管理し，器具の校正が期限切れ等にならないよう管理する必要がある。また，安全で適正な使用方法を計画的に訓練することも必要である。

## (3) チェックリスト

各種の配線および使用機器などで，点検すべき危険な電気設備をもらさずすべてチェックすること，点検結果をもとに確実・迅速に改善すること等，点検の万全を期するためには適切なチェックリストを利用するのがよい。**表 2-3** は，主要な電気設備についてのチェックリストの項目例であるが，それぞれの職場の電気設備の種類，使用状況などを十分検討のうえ，これを参考として，真に役立つものを作成することが望ましい。

表 2-3　チェックリストの一例（配線および使用機器）

(1) 屋　外　配　線

| 項　　目 | 細　　目 |
|---|---|
| 架空電線路の支持物 | ①　腐食または損傷のはなはだしいものはないか。 |
| 架空電線路の施設状況 | ②　地表上の高さはよいか。<br>③　絶縁電線を使用しているか，またその被覆が損傷していないか。<br>④　がいしの破損，汚損，脱落，バインドのはずれおよび弛度過大のものはないか。<br>⑤　不用電線の未処理のものはないか。 |
| 架空電線と他の施設との接近または交差の場合の施設状況 | ⑥　造営物（屋根，物干台など）の上方は 2 m 以上，側方または下方は 1.2 m 以上あるか。また造営材（アンテナなど）からは 60 cm 以上あるか。 |
| 配電用変圧器の施設状況 | ⑦　接地工事が施されているか。<br>⑧　地上変圧器については高圧充電部までの距離が水平，垂直を加えて 5 m 以上になる適当な防護用のさくがあるか。 |
| 地中電線路の施設状況 | ⑨　高圧地中ケーブルの通過経路に適正な表示がしてあるか。<br>⑩　ケーブルヘッドおよび被覆金属体は接地してあるか。 |
| 引込線，引出線 | ⑪　引込線，引出線の取り付け点の高さは適正か。<br>⑫　被覆が損傷しているものはないか。 |
| 屋外照明用施設 | ⑬　ラス張り，トタン張りなどに施設する照明器具には，木台その他の絶縁物が適正に使用されているか。 |

(2) 屋内配線等

| 項　　目 | 細　　目 |
|---|---|
| 配電盤等 | ① ほこり等付着，汚損，損傷，過熱，端子のねじのゆるみ等がないか。<br>② 開閉器は適正な容量のものを，操作しやすい位置に取り付けてあるか。<br>③ ランプ等の球切れ，警報ブザーの故障等はないか。<br>④ 漏電遮断器は正常に動作するか。 |
| ヒューズ | ⑤ 糸ヒューズ，板ヒューズ（爪なし）を使用していないか，銅線，鉄線などを使用していないか。<br>⑥ 型式許可〈PSE〉のあるもので，容量は適正か。 |
| 使用電線 | ⑦ 規格外電線や，被覆損傷のはなはだしいものはないか。<br>⑧ 太さおよび種類は，適正なものを使用しているか。<br>⑨ 心線の色別，接続は正しいか。 |
| 仮配線 | ⑩ 本設配線とすべきものを仮配線にしていないか。<br>⑪ 施設場所と使用電線は適正か。<br>⑫ 漏電遮断器が施設されているか。 |
| がいし引き工事 | ⑬ 人が容易に触れるおそれはないか。<br>⑭ がいしもしくはバインドのはずれ，または電線の被覆が損傷しているものはないか。<br>⑮ 電線が，造営材を貫通する部分にがい管のないもの，またはがい管が破損しているものはないか。 |
| 金属管工事 | ⑯ 管端にはブッシングなどが取り付けてあるか。<br>⑰ 金属管の接地工事は施されているか。<br>⑱ ラス張り，トタン張りなどと金属管とは絶縁してあるか。 |
| 合成樹脂管工事 | ⑲ 管の損傷しているものはないか。 |
| ケーブル工事 | ⑳ ケーブルは外傷を受けるおそれのないよう施設されているか。 |
| 可とう電線管工事 | ㉑ 端末のはずれているもの，またはコンジットの破損しているものはないか。<br>㉒ 接地工事は施されているか。 |
| 粉じんの多い場所の工事 | ㉓ 工事は，それぞれの場所に応じて適正に行われているか。 |
| 腐食性ガスなどのある場所の工事 | ㉔ 防食措置が施してあるか。<br>㉕ 予防方法として，ビニル外装ケーブル，ポリエチレン外装ケーブルまたはビニル絶縁電線を使用しているか。 |
| 爆発性または燃えやすい物質がある場所の工事 | ㉖ 金属管工事またはケーブル工事であるか。 |
| ショーケース内の配線 | ㉗ ショーケース内配線と屋内配線およびショーケース内配線相互の接続は，接続器具を使用して行われているか。<br>㉘ ショーケース内配線の分岐および接続は，接続器具を使用して行われているか。<br>㉙ コードは 0.75 $mm^2$ 以上で損傷しないよう取り付けてあるか。 |

### (3)　移動電線および配線器具

| 項　　　　目 | 細　　　　　　　　目 |
|---|---|
| 低圧用配線器具 | ①　型式許可PSEのあるものを使用しているか。<br>②　充電部が露出しているものはないか。<br>③　発熱しているものやスイッチなどで接触不良のものはないか。 |
| 移動電線 | ④　使用電圧300V以下の移動電線は，機械器具に付属したものを除き，ビニルコード以外のコードまたはビニルキャブタイヤケーブル以外のキャブタイヤケーブルを使用しているか。<br>⑤　使用電圧300Vを超える低圧の移動電線は，1種キャブタイヤケーブルおよびビニルキャブタイヤケーブル以外のキャブタイヤケーブルを使用しているか。<br>⑥　湿気の多い場所または水気のある場所等の移動電線は，防湿コードまたはゴムキャブタイヤコードを使用しているか。<br>⑦　爆燃性粉じん，火薬の粉末または可燃性のガス等のある場所の移動電線は，接続点のない3種および4種キャブタイヤケーブルまたは3種および4種クロロプレンキャブタイヤケーブルを使用しているか。<br>⑧　可燃性粉じんのある場所の移動電線は，1種キャブタイヤケーブル以外の接続点のないキャブタイヤケーブルを使用しているか。 |
| 湿気の多い場所または水気のある場所の配線器具 | ⑨　防湿構造のものを使用しているか。 |
| 粉じんの多い場所の配線器具 | ⑩　防じん構造または防爆構造のものを使用しているか。 |
| 腐食性ガスなどのある場所の配線器具 | ⑪　防食構造のものを使用しているか。また，予防できない場合の改修対策は確立しているか。 |
| 爆発性物質を発生，製造または貯蔵する場所の配線器具 | ⑫　防爆構造のものを使用しているか（取扱いの際スパークするおそれのある器具はないか）。 |

(4) 電気機械器具

| 項　　目 | 細　　目 |
|---|---|
| 電動機類 | ① 振動，異音，異臭，グリース漏れなどはないか。<br>② 過負荷または接触不良で過熱している部分はないか。<br>③ 端子箱がないため，またはその破損のため充電部分が露出しているものはないか。<br>④ 鉄台を接地してあるか。 |
| 電熱器 | ⑤ 周囲に可燃性のものはないか。<br>⑥ ビニルコードを使用していないか。 |
| 溶接機 | ⑦ 出力側配線は溶接用ケーブルなど適正なものが使用されているか（通路の床をはわせるなど外傷を受けるおそれのある場合には防護措置を施してあるか）。<br>⑧ 溶接用電路（帰線側）は溶接電流を安全に通ずることができるように設置されているか。<br>⑨ 溶接棒ホルダーは絶縁形のものであるか。<br>⑩ 自動電撃防止装置が取り付けられ，その機能は正常であるか。 |
| 移動用機器（ドリル，グラインダなど） | ⑪ 接地工事は施してあるか（接地極付コンセントを含む）。<br>⑫ 充電部分の露出しているものはないか。<br>⑬ 電路に漏電遮断器があるか。 |
| 試験装置，静電塗装装置，レントゲン装置など | ⑭ 危険表示および適当な防護装置がしてあるか。 |
| 粉じんの多い場所で使用する電気機器 | ⑮ 防じん構造または防爆構造のものを使用しているか。 |
| 腐食性ガスなどのある場所で使用する電気機器 | ⑯ 防食構造のものを使用しているか。また，予防できない場合の改修対策は確立しているか。 |
| 爆発性物質を発生，製造または貯蔵する場所で使用する電気機器 | ⑰ 防爆構造のものを使用しているか。 |
| 電気用品※ | ⑱ 特定電気用品には〈PSE〉，特定電気用品以外の電気用品には(PSE)の表示のあるものを使用しているか。 |

※ 電気用品については，次頁（参考）を参照。

## 参考　電気用品とは

「電気用品」については，電気用品安全法（昭和36年法律第234号）および電気用品安全法施行令（昭和37年政令第324号），電気用品の技術上の基準を定める省令（平成25年経済産業省令第34号）等で規定されています。

電気用品……電気事業法（昭和39年法律第170号）にいう一般電気工作物の部分となり，またはこれに接続して用いられる機械、器具または材料。

特定電気用品……構造または使用方法その他の使用状況からみて特に危険または障害の発生するおそれが多い電気用品（施行令別表1）。

特定電気用品以外の電気用品……上記「電気用品」であって「特定電気用品」以外の電気用品（施行令別表2）。

PSEマーク……技術基準に適合する電気用品に付される表示で，PSEマークの付されていない電気用品は販売などができないこととされています（下表参照）。また，電気工事士は，PSEマークの表示されているものでなければ，電気用品を電気工作物の設置または変更の工事に用いてはならないこととされています（電気工事士法第28条）。

| 電気用品に付される表示 | |
|---|---|
| 特定電気用品 | 特定電気用品以外の電気用品 |
|   または〈PS〉E |   または（PS）E |
| 実際は上記マークに加え，登録検査機関のマーク，製造時業者等の名称（略称，登録商標を含む），定格電圧，定格消費電力等が表示されます。 | 実際は上記マークに加え，製造時業者等の名称（略称，登録商標を含む），定格電圧，定格消費電力等が表示されます。 |
| 例※：電気温水器，電熱式・電動式おもちゃ，電気マッサージ器，自動販売機，コード，漏電遮断器，コードリール，電気ポンプ，電流制限器（アンペアブレーカー等），携帯発電機　など全116品目 | 例※：電気こたつ，電気冷蔵庫，白熱電灯器具，音響機器，リチウムイオン蓄電池，電気冷房機，電線管，単相電動機，かご形三相誘導電動機，電気グラインダ・電気ドリルその他の電動工具　など全341品目 |

※　実際は多くの品目について，「定格電圧○○V以下」等のように定格や構造が限定されています。

# 第3編

# 低圧用の安全作業用具に関する基礎知識

## ●第３編のポイント●

感電災害防止のための絶縁用保護具や絶縁用防具などの種類と重要性を理解する。また，検電器，墜落制止用器具などの種類や基本的な使い方，使用上の注意と，これら安全保護具・安全作業用具の管理（保管と点検）について学ぶ。

# 第1章 絶縁用保護具，絶縁用防具等

## 1 絶縁用保護具

絶縁用保護具とは，電気設備の点検，修理などの作業において露出充電部を取り扱うときに，感電を防止するために身体に装着する保護具をいう。これには，電気用ゴム手袋，電気用保護帽，絶縁衣，電気用長靴などがある。その構造，絶縁性能などについては，告示「絶縁用保護具等の規格」(第5編第8章参照) に定められている。同規格では，絶縁用保護具の種別を，①交流 300 V 超 600 V 以下用，②交流 600 V (直流 750 V) 超 3,500 V 以下用，③ 3,500 V 超 7,000 V 以下用の3つに区分し，耐電圧性能を定めている。

### (1) 電気用ゴム手袋

電気用ゴム手袋には高圧用と低圧用がある。図 3-1 は，低圧用のゴム手袋で，300 V を超える低圧用のものの絶縁性能は，商用周波数 (50 Hz または 60 Hz) の交流での耐電圧試験で，製造時には 3,000 V で1分間，定期自主検査時には 1,500 V で1分間耐える必要がある。なお，使用する前には空気試験などを行い，ピンホールや切傷がないことを確かめる。

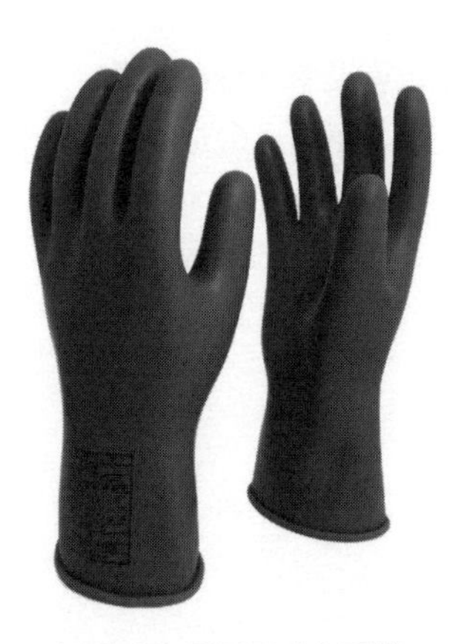
図 3-1　低圧用ゴム手袋

### (2) 電気用保護帽

電気用保護帽 (図 3-2) は，頭部を感電および落下物による災害から保護するために着用するものである。電気用保護帽には低圧用として作られたものはなく，高圧用が流用されている。

その性能は，「絶縁用保護具等の規格」で耐電圧性能などが定められ，製造時の耐電圧性能は，電圧が3,500 Vを超え7,000 V以下である電路に用いるものにあっては，商用周波数の交流で20,000 Vに1分間耐える性能を有している。また，落下物等に対する性能，構造などは「保護帽の規格※」等で定められており，これを着用する場合は，装着体などが正常に着装されたものを用い，あごひもを確実に締めて着用する。

図 3-2　電気用保護帽
(写真は7kV以下用)

図 3-3　絶縁衣
(写真は7kV以下用)

### (3) 絶縁衣および電気用長靴

これらは，「絶縁用保護具の規格」の耐電圧種別上，いずれも高圧用のもので，特に低圧専用として作られたものはない。したがって，低圧の活線作業を行う場合であっても，必要に応じ，高圧用のものを使用する（図 3-3，図 3-4）。

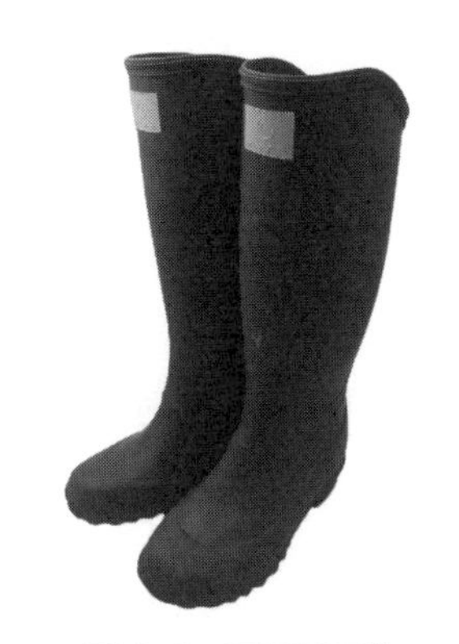

図 3-4　電気用長靴
(写真は7kV以下用)

## 2 絶縁用防具

絶縁用防具とは，活線作業や活線近接作業において，作業者が現に取り扱っていない周囲の充電されている配線，電気機器などの充電電路に装着し，作業者の感電を防止するものをいう。これには，ゴム絶縁管（図 3-5），がいしカバー，絶縁シート（図 3-6）などがあるが，大部分は高圧用のものであり，絶縁シートに一部低圧用のものが製作されている。

※　昭和50年9月8日労働省告示第66号，最終改正：令和元年6月28日労働省告示第48号。

図 3-5　ゴム絶縁管
（写真は 7kV 以下用）

図 3-6　絶縁シート
（写真は低圧用）

## 3 活線作業用器具等

活線作業用器具とは，手に持つ部分が絶縁材料で作られた棒状の絶縁工具で，その先端に各種のアタッチメントを取り付け，充電されているボルトを締めたり，がいしを取り替えたりすることができるものをいう（**図 3-7**）。

活線作業用装置は，その上に作業者が乗って活線作業をするための装置である。代表的なものとしては，大地，接地物などと確実に絶縁した絶縁台，活線作業車（対地絶縁を施した高所作業車。**図 3-8**）などがある。

これらの活線作業用器具，活線作業用装置は，一般に高圧，特別高圧の電路によく用いられ，いずれもその絶縁性能等については「絶縁用保護具等の規格」に定められている。

図 3-7　活線作業用器具

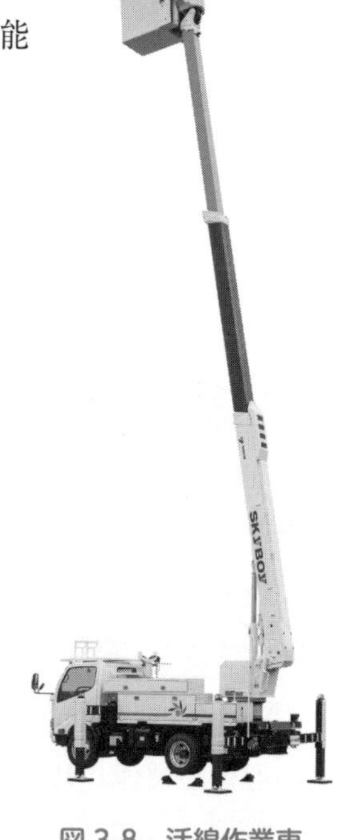


図 3-8　活線作業車

## 参考　交流300 V以下の保護具・防具について

低圧活線作業・低圧活線近接作業で用いる絶縁用保護具，絶縁用防具，活線作業用器具については，安衛則第348条第2項で，「事業者は……直流750ボルト以下又は交流で300ボルト以下の充電電路に対して用いられるものにあつては，当該充電電路の電圧に応じた絶縁効力を有するものを使用しなければならない。」としています。これについて，昭和50年7月21日基発第415号（行政通達）では，「絶縁効力についての規格が定められていないが，これらを使用するときは，その使用する充電電路の電圧に応じた絶縁効力を有するものでなければ使用してはならないことを定めたものである。」と述べています（163頁，安衛則第348条解説参照）。

また，昭和44年2月5日基発第59号では，「直流で750ボルト以下又は交流で300ボルト以下の充電電路について用いるものは，対象とする電路の電圧に応じた絶縁性能を有するものであればよく，」としたうえで，例えば絶縁用保護具については「ゴム引又はビニル引の作業手袋，皮手袋，ゴム底靴等であって濡れていないものが含まれる」（162・163頁，第346条・第347条解説参照）などのように例示しています。しかし，特に夏場など汗をかきやすかったり湿度が高いような時期には，保護具や防具の絶縁性能が低下し，電圧に応じた絶縁効力が失われることも考えられ，注意が必要です。

絶縁用保護具のうち手袋については，日本産業規格（JIS）のT8112『電気絶縁用手袋』では，以下のような4クラスの試験電圧，材料，その他の性能を決めています。

表3-ア　JIS T 8112『電気絶縁用手袋』の区分

<table>
<tr><th>クラス</th><th>最大使用電圧</th><th>試験電圧</th><th>材料</th><th>その他の性能</th></tr>
<tr><td>J00</td><td>交流又は直流300 V</td><td>交流1,000 V・1分間</td><td rowspan="2">加硫ゴム，熱可塑性エラストマー，布張り</td><td rowspan="4">機械的性能，老化性能，低温耐久性能，特殊物性を持つ手袋の性能（耐酸性，耐油性，耐オゾン性，超低温耐久性）</td></tr>
<tr><td>J0</td><td>交流600 V又は直流750 V</td><td>交流3,000 V・1分間</td></tr>
<tr><td>J01</td><td>交流又は直流3,500 V</td><td>交流12,000 V・1分間</td><td rowspan="2">加硫ゴム</td></tr>
<tr><td>J1</td><td>交流又は直流7,000 V</td><td>交流20,000 V・1分間</td></tr>
</table>

（注）下線部は，「絶縁用保護具等の規格」で規定されていない区分

また，手袋以外の絶縁用保護具等についても，メーカー等で自主規格を定め，耐電圧試験を実施しているものもあります。300 V以下の保護具等については，事業場で情報収集を行い，JIS規格への適合や，メーカー等での試験方法などを確認し，作業の電圧に応じた絶縁効力を有するものを選定するとよいでしょう。

図 3-ア　交流 300 V 以下用の絶縁用保護具の例
（写真の手袋は JIS T 8112 適合品）

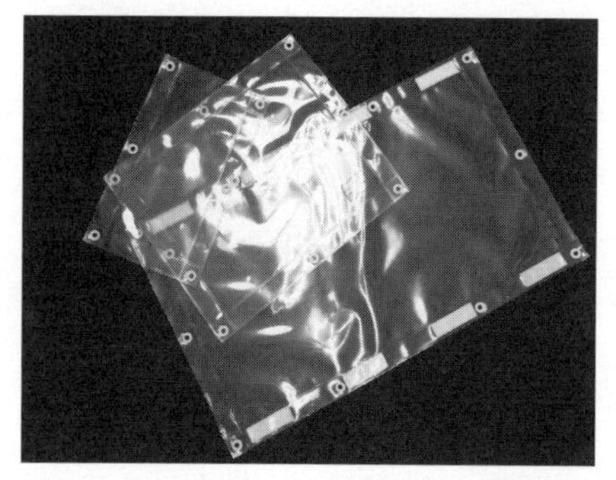

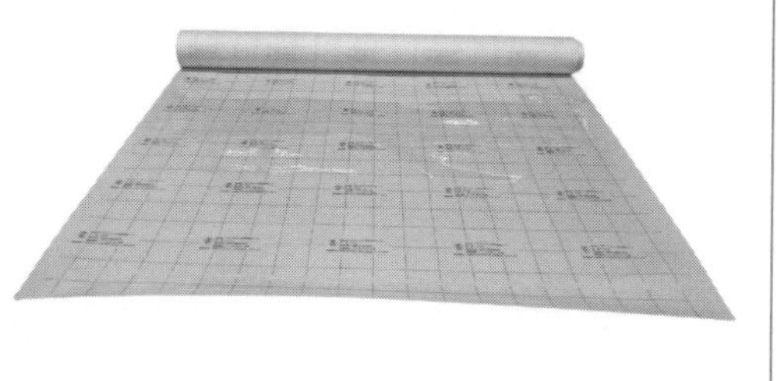

図 3-イ　交流 300 V 以下用の絶縁用防具の例
（左：透明シート，右：カットシート）

# 第2章 絶縁用防護具



**絶縁用防護具**とは，低圧あるいは高圧の架空電線または電気機器の充電電路の近くで，移動式クレーンやくい打機などを使用する作業を行う場合，あるいは建設足場の組立・解体作業などを行う場合に，これら作業に従事する労働者が感電災害を起こさないように，また，これら充電電路を保護するために，これら充電電路に装着される絶縁性の防具をいう。これは，先に述べた絶縁用防具とは使用趣旨が異なるので，使用に当たっては混同してはならない。

絶縁用防護具にも，絶縁用防具と同様，管状のもの（**図 3-9**，**図 3-10**）とシート状のものがあり，一般に，建設用防護管とか，建設用防護シートなどといわれている。絶縁用防護具の使用については，安衛則第 349 条および第 570 条に定められている（第 5 編第 4 章，第 349 条および第 570 条ならびに解説参照）。また，絶縁用防護具の構造，耐電圧性能などについては，「絶縁用防護具の規格」（第 5 編第 9 章参照）に定められている。

図 3-9　建設用防護管（棒状）
（写真は 7kV 以下用）

図 3-10　建設用防護管（ジャバラ状）
（写真は 7kV 以下用）

# 第3章 検電器

検電器とは，電路の活線・停電を確認するための安全器具をいう。その種類には，検電対象の交流・直流の別および電路の電圧の区分（低圧用，高圧用および特別高圧用）などがあるほか，検出動作方式の違いによって，電池内蔵の音響発光式やネオン発光式などがある。

しかし，どのタイプの検電器であっても，検電器による電路の活線・停電の確認は，電路の対地電圧が検電器の有する動作開始電圧以下であるか否かの判定であり，検電器によって停電の確認をしたとしても，電路の電圧が0であることを保証するものではないことに注意しなければならない。なお，低圧用検電器（交流用）の動作開始電圧は，一般に80 V以上であるが，電路が正常な状態であれば，電圧が80 V以下になっていることは一般にありえないので，活線・停電の判定には問題がない。

また，わが国の低圧電路は一般に接地配電方式が採用されているので，電路の一線は接地され，接地側電路の対地電圧は0 Vである。そのため，検電に当たっては，電路の各線すべてを検電しないと電路の活線・停電の判断を誤る危険性がある。

## 1 電池内蔵の音響発光式検電器

この種の検電器は，図3-11に内部構成回路の一例を示すように，人体を介して大地に流れる微弱電流を内部の増幅回路で増幅して，電子音を鳴らしたり発光ダイ

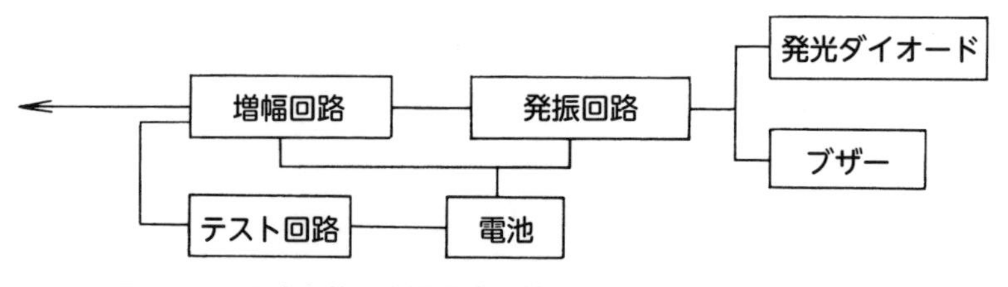


図3-11　電池内蔵の音響発光式検電器の内部構成回路の一例

オード (LED) を発光させたりする方式のものである。低圧用のほか，高圧以上で使用するものもある。

この種の検電器には，低圧用ゴム手袋を着用して検電器の握り部を握って検電できるという利点があるが，付近に高圧電路がある場合には，低圧電路が停電していても，電界の影響によりあたかも活線であるかのように誤動作をするおそれもある。これらの性質は，増幅回路の増幅感度によって決定されるものであり，それは各メーカーの製作仕様によって異なるので，使用に当たっては，各メーカーの示す特性値や取扱説明書に従って使用することが大切である。

各種検電器の例を**図 3-12**～**図 3-14** に示す。



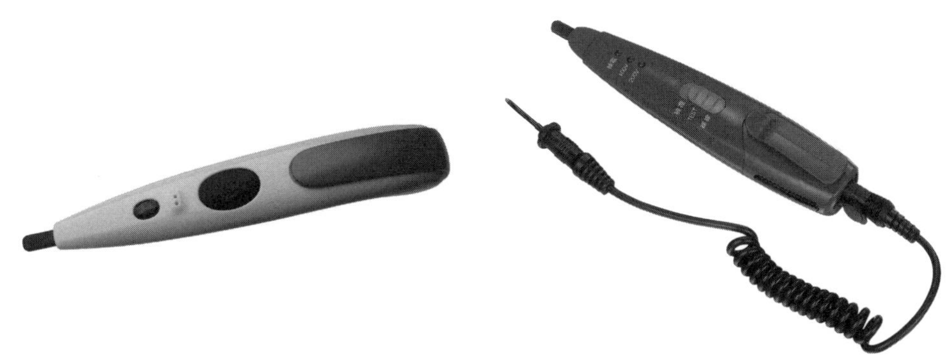

図 3-12　低圧用検電器の例 (交流用)
(写真は 50 ～ 600V 用)

図 3-13　直流／交流両用の検電器の例
(50 ～ 600V 用)

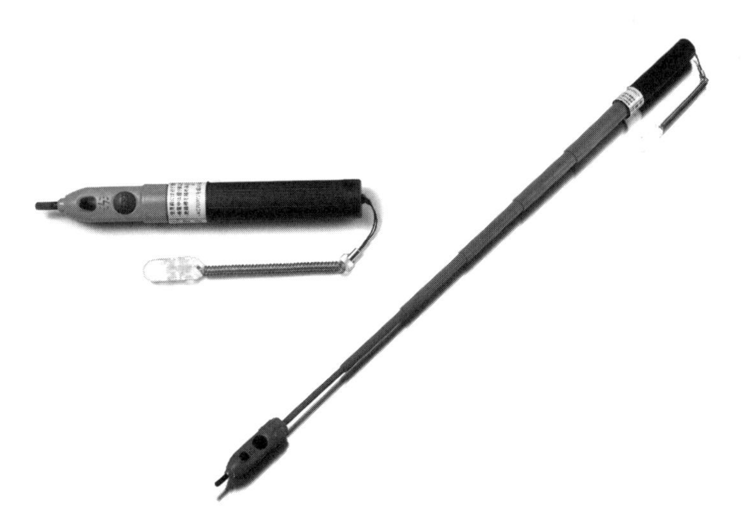

図 3-14　低圧・高圧両用検電器の例 (交流用)
(80 ～ 7kV 以下用)

## 2 ネオン発光式検電器

ネオン発光式検電器は，放電管（一般にネオン管）の放電電流が人体を介して大地に流れることによって回路が構成されるので，使用する場合は接地極用クリップを素手でつかみ，検知部を電路の露出充電部に接触させる必要がある。そのため，高抵抗が破損していたり，検電器の外筒が水でぬれているなど絶縁性能が不良であると危険である。

参考として，ネオン発光式検電器の構造の一例を**図 3-15** に示す。

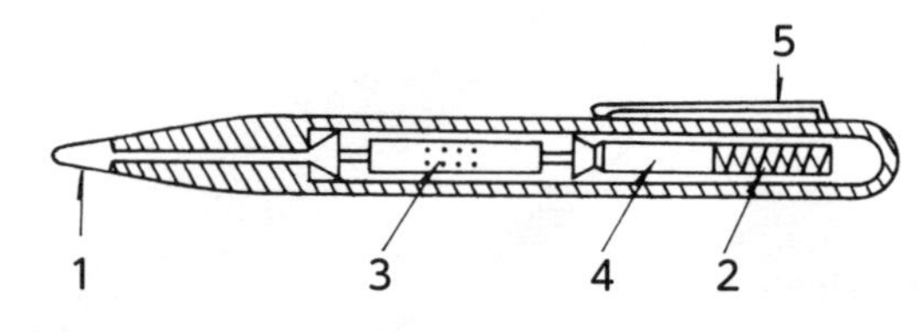


図 3-15　ネオン発光式検電器の構造の一例

## 3 検電作業

検電器具を用いて電路の検電を行う場合においては，電路の活線・停電を確認するまでは，電路は活線であることを前提に電気用ゴム手袋などの絶縁用保護具を着用して作業を行う等，十分な感電防止対策を講ずることが必要である。この点から，検電器の選定に当たっては，電池内蔵の音響発光式検電器を使用することが望ましい。検電器の使用法を**図 3-16** に示す。図のように，検電器の腹部を電路に接触させ，検電する（先端部では正しく検知できない場合がある）。なお，高圧電力ケーブルのようにケーブル内に遮へい層（金属シース）がある場合は被覆の上からは検電できないため，ケーブルの端末等で検電する。

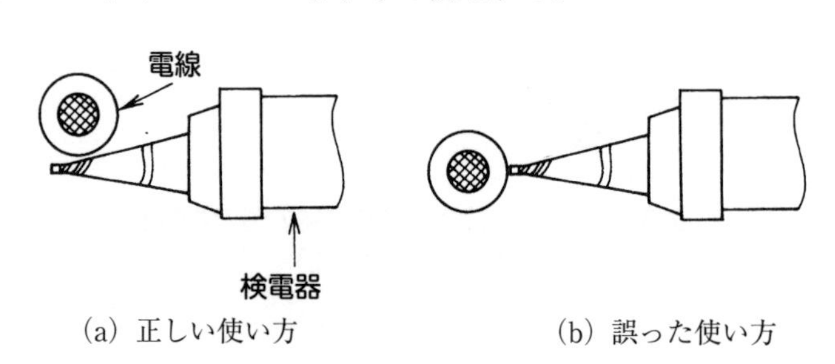


図 3-16　検電器の使用法

# 第4章 その他の安全作業用具

## 1 墜落制止用器具とワークポジショニング用器具

墜落制止用器具※1は，高所からの墜落時に地面に激突することを防ぐとともに，ランヤードのショックアブソーバにより衝撃の一部を吸収し，傷害を防止・低減するものである。高所の作業で墜落防止措置をとることが困難なときは，常に墜落制止用器具を使用しなければならない。柱上等で作業を行う電気取扱作業者の場合は，墜落制止用器具とワークポジショニング用器具※2を併用し，ワークポジショニング用器具により身体を保持して作業することとなる（図 3-17）。そのため，これらの器具の不備は直ちに墜落災害につながることとなるので，使用に習熟するとともに，使用前の点検を怠らないように心がけなければならない。

使用に当たっての一般的な注意事項は，次のとおりである。

① 部品などをメーカー指定の部品以外のものにつけ替えて使用しない。

② 使用前に，損傷の有無，強度などについて点検する。

フルハーネス型墜落制止用器具の例を図 3-18 に，ワークポジショニング用器具の例を図 3-19 に示す。現在では，高所作業車（活線作業車）を用いて作業をすることも多いが，これらの器具を使用する必要がある場合は，章末の参考囲み中の関係する事項を確認すること。

図 3-17 ワークポジショニング作業の例

※1 平成 30 年の法令改正等により，「安全帯」が「墜落制止用器具」と名称変更され，原則としてフルハーネス型を使用することとされた。墜落制止用器具は，「墜落制止用器具の規格」（平成 31 年 1 月 25 日厚生労働省告示第 11 号）を具備するものを使用しなければならない。

※2 従来の「U字つり用安全帯」（柱上安全帯）が担っていた姿勢維持のための器具のこと。上記法令改正等により，ワークポジショニング用器具は墜落を制止する機能がないことから，墜落制止用器具を併用することとされた。

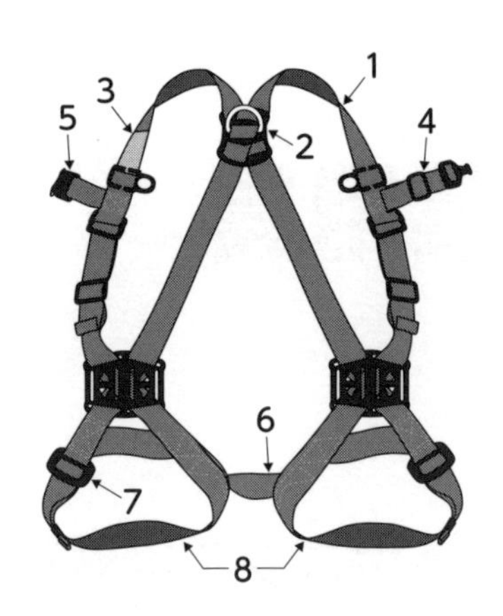


1．肩ベルト
2．D環（ランヤードを取り付ける）
3．メーカーネーム（種類・使用可能な質量・製造年月・製造番号・製造者名）
4．胸ベルト
5．胸バックル
6．骨盤ベルト
7．腿バックル
8．腿ベルト

(a) フルハーネスの例

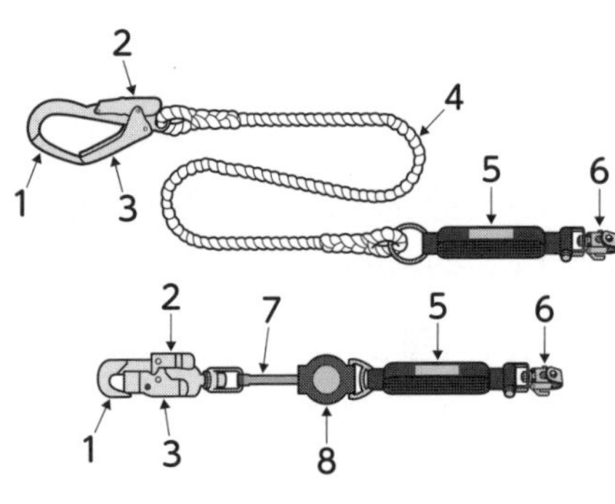


1．フック
2．安全装置
3．外れ止め装置
4．ランヤードのロープ
5．ショックアブソーバ
6．コネクタ（フルハーネスのD環に取り付ける。図の小型環でなく専用カラビナのものもある）
7．ランヤードのストラップ
8．巻取り器（ロック機能付きまたはロック機能なし）

(上：大口径フック，ロープ式ランヤード。
下：小型フック，巻取り式ランヤード)
(b) ランヤードの例

図 3-18　フルハーネス型墜落制止用器具 (例)

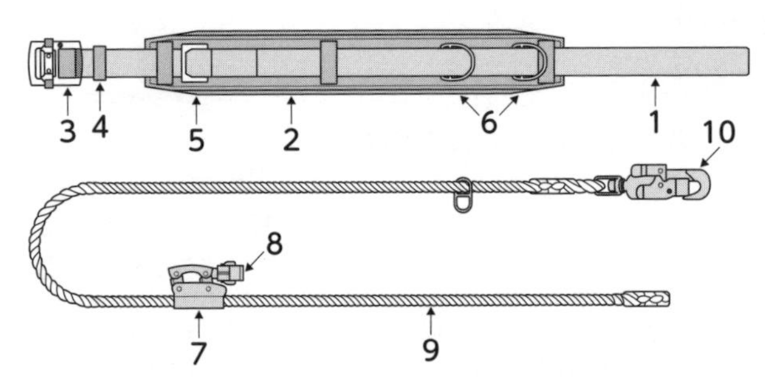


1．胴ベルト
2．補助ベルト
3．バックル
4．ベルト通し
5．角環（伸縮調節器のコネクタを取り付け）
6．D環（フックを掛ける）
7．伸縮調節器
8．コネクタ（角環に取り付け。図の小型環でなく専用カラビナのものもある）
9．ワークポジショニング用ロープ
10．フック（ベルトのD環に掛ける）

図 3-19　ワークポジショニング用器具 (例)

##  短絡接地器具等

短絡接地器具は，一般に高圧以上の停電した電線路などにおいて，誤通電，他の電路との混触または他の電路からの誘導により不意に充電される場合の危険を防止するために使用するもので，接地用の導体部分に接地クリップを固定し，端子や電線などの露出充電部にフックやクリップを取り付け，短絡と接地を行うものである（図 3-20）。特に，受変電設備等の低圧側での作業などでは，高圧側が停電され，短絡接地器具が取り付けられていることを確認してから作業を開始することを心がける。

取付けに当たって注意すべき事項は，次のとおりである。

① 金具や接地導線などを点検し，損傷がないことを確認する。

② 取付けに先立ち，検電器により停電を確認する。

③ 取付けは，接地クリップを先に行い，次に電路に接続する。取外しは，電路を先に，接地クリップを最後に行う。

なお，停電直後など※は残留電荷による危険がある場合があり，そのために別途，放電用接地棒（図 3-21）を使用することがある。安衛則第 339 条では，開路した電路が電力ケーブル，電力コンデンサー等を有する電路で残留電荷による危険を生ずるおそれのあるものについては，安全な方法により残留電荷を確実に放電させることと規定されている。

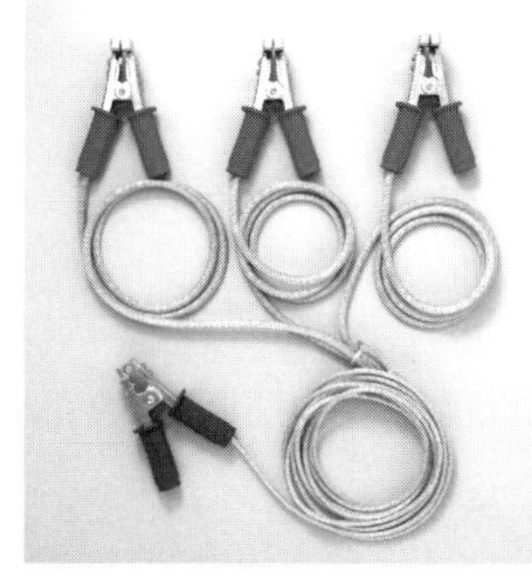

図 3-20　短絡接地器具の例
（左：クリップ式，右：フック式）

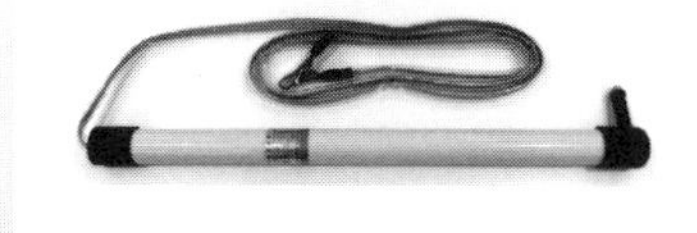

図 3-21　放電用接地棒の例
（写真は 6.6 kV 以下用）

※　絶縁抵抗測定（メガーテスト）後にも同様の危険がある場合があり，接地放電機能付きの絶縁抵抗計を使用して放電するか，放電用接地棒を使用する。

## 3 アーク防止面

アーク発生時に，アークおよび閃光，高温，火花からの防護のため使用するもので，作業の必要に応じ対アーク防護服などを着用する。図 3-22 にアーク防止面の例を示す。

図 3-22　アーク防止面の例
（左：フード付のもの，右：低圧アーク面）

## 4 通電禁止表示札等

停電作業や点検作業時に，開路した開閉器に通電禁止を表示したり，他の作業者などによる誤通電を防止するために使用する（図 3-23）。

図 3-23　通電禁止表示等の例
（左 2 つ：吊り下げ札，中：マグネット式，右：禁止表示テープ）

# 5 その他の絶縁工具・用具等

交流 1,000 V・直流 1,500 V までの絶縁工具については，国際電気標準会議（IEC）において規格が制定されている（IEC 60900）。絶縁工具の例を図 3-24 に示す。このほか，FRP（繊維強化プラスチック）製などの材料を用いた絶縁性の脚立，はしご，足場などを使用したほうがより安全である。ただし，これらの工具・用具を使用する場合でも，活線作業および活線近接作業では，絶縁用保護具や絶縁用防具を使用しなければならない。

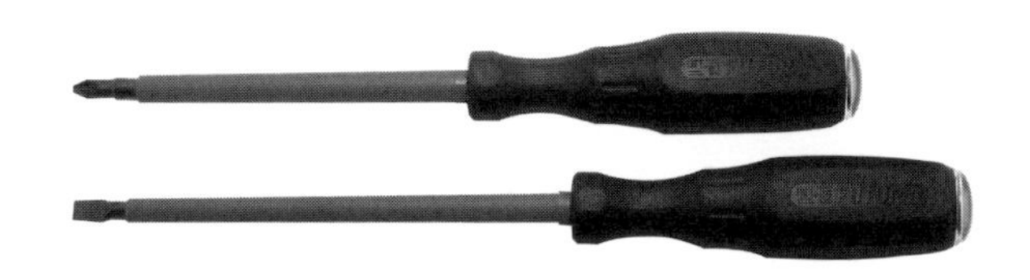

図 3-24　絶縁工具の例
（グリップエンド：樹脂製）

## 参考　墜落制止用器具とワークポジショニング用器具の選定・使用等

墜落制止用器具には，フルハーネス型のほか胴ベルト型もあり，一定の条件下では使用できるが，柱上作業でワークポジショニング作業（U字つり作業等）を伴う場合は，フルハーネス型を選択することが推奨されている※1。

以下，電気取扱作業に関連したフルハーネス型およびワークポジショニング用器具の使用の留意点について示す。なお，フルハーネス型を使用して電気取扱作業を行う場合は，「電気取扱業務に係る特別教育」に加えて「墜落制止用器具を用いて行う作業に係る業務に係る特別教育」の修了が必要である。フルハーネス型に関する基本的な知識，使用方法等は，フルハーネス型の特別教育において習得すること。

※1　墜落制止用器具の安全な使用に関するガイドライン（平成30年6月22日基発0622第2号）

### 1　適切な器具の選定

① フルハーネス型には，使用可能な最大質量（85kgまたは100kg。特注品を除く。）が定められているので，器具を使用する者の体重と装備品の合計の質量が使用可能な最大質量を超えないように選定すること。

② ワークポジショニング作業においては，高さが比較的低い箇所で作業することもあり，その場合，通常のロープ式ランヤードでは墜落時に地面に到達するおそれがあるため，**図3-18 (b)**（82ページ）の下図のようなロック機能付き巻取り式ランヤードを選定することが推奨される。また，作業する高さによっては，ステップボルトにランヤードのフックを掛ける必要があるため，同図のような小型フックのものを選定する。

③ ワークポジショニング作業においては，通常，足下にフック等を掛ける作業はないため，第一種ショックアブソーバ※2を備えたランヤードを選定する。

④ ワークポジショニング用器具のベルトおよびロープは，適切な組合せのものを正しく使用する。自己判断でロープの交換，付け替えしないこと※3。

⑤ ワークポジショニング用器具についても，着用者の体格等に合ったものを選定する。ベルトの長さは，装着したときにバックルとベルト通しの両方に通るものを選定する。

⑥ ワークポジショニング用器具には，バックサイドベルト（尻掛け用補助ベルト）を備えたものもある。作業の特性に応じ，適切なものを選定する。

※2　ショックアブソーバには第一種と第二種がある。腰の高さ以上にフックを掛けて作業を行うことが可能な場合には第一種ショックアブソーバを，足下にフックを掛けて作業を行う必要がある場合や，両方の作業が混在する場合には，第二種ショックアブソーバを備えたランヤードを選定する。

※3　ベルトは，角環が左のものと右のものがあり，また，ロープは，左側または右側の角環に対応し，ロープが伸縮調節器の下側を通過するものと，上側を通過するものがある。対応しないものを使用したり，上下を取り違えると危険である。例えば，**図3-19**（82ページ）の器具でロープが上側にくるように装着すると，コネクタの外れ止めが内側となるため，作業中に伸縮調節器のコネクタに作業服等が巻き込まれた際にロープが外れるおそれがある。

### 2　使用前点検

まず，取扱説明書，作業手順書等を確認し，安全上必要な部品が揃っているか確認すること。定められた点検基準により，ベルト・ランヤード・金具類の摩耗や損傷等について点検を行うとともに，一度でも落下時の衝撃がかかったり点検結果で異常のあったものは使用しないこと。点検にあたっては，次の点にも留意すること。

① ワークポジショニング用ロープは電柱等とこすれて摩耗が激しいので，こまめな日常点検が必要である。また，フック等の近くが傷みやすいので念入りに点検する。

② 工具ホルダー等を取り付けている場合には，ベルトに取り付けた部分に摩耗が発生しやすいので，ホルダーに隠れる部分の摩耗も確認すること。

③ ロック機能付き巻取り器については，ストラップを急激に引き出したときに確実にロックすることを確認すること。

### 3　適切な装着

① フルハーネス型は，墜落制止時にずり上がり，安全な姿勢が保持できなくなることのないように，緩みなく確実に装着すること。

② バックルは正しく使用し，ベルトの端はベルト通しに確実に通すこと。

③ ワークポジショニング用器具は，伸縮調節器を環に正しく掛け，外れ止め装置の動作を確認するとともに，ベルトの端や作業服が巻き込まれていないことを目視により確認すること。

④ ワークポジショニング作業の際に，フック等を誤って環以外のものに掛けることのないようにするため，環またはその付近のベルトには，フック等を掛けられる器具をつけないこと。

⑤ ワークポジショニング用器具は，装着後，地上において，それぞれの使用条件の状態で体重をかけ，各部に異常がないかどうかを点検すること。

⑥ フルハーネス型およびワークポジショニング用器具を装着して現場を歩行する際は，ランヤードやフックが構造物などに引っ掛からないよう，収納袋や巻取り器におさめ，ランヤードが垂れ下がらないようにすること。ワークポジショニング用ロープは肩に掛けるかフック等を環に掛けて伸縮調節器によりロープの長さを調節することにより，垂れ下がらないようにすること。

### 4　昇降時の留意点

作業時には，フルハーネス型のランヤードのフックを取付設備に掛けなければならないが，法令上，作業と昇降・移動は異なる概念である。柱上作業を行う場合，地上等と作業場所を行き来するために，ワークポジショニング用器具により墜落防止を行いながら昇降することとなる※4。具体的な器具の操作方法等は，取扱説明書，作業手順書等を確認し，適切に行うこと。

① まず，地上から電柱等（ステップボルトがある箇所）へは，一般的には脚立等を用いて移動する。この際，ランヤードやロープにより身体は確保されていないため，昇柱時，降柱時ともに注意して移動すること。

② 一番下のステップボルトに手が届く高さまで脚立等を昇ったら，ワークポジショニング用ロープを電柱等の腰よりも高い位置に回して掛け，フックをワークポジショニング用器具のＤ環に掛ける。この際，作業服等がフックに巻き込まれていないことを確認する。ロープを回し掛けする際は，ロープによじれのないことを確認する。また，滑り落ちないようロープは常に腰より上のステップボルトに掛かるようにし，ロープの長さは昇降に必要最小限の長さに調節する。

③ さらに脚立等を昇り，一番下のステップボルトに足を掛け，電柱等に移動する。ロープの長さを電柱等の昇降に必要最小限の長さに調節する。

④ 一段上のステップボルトに移動したあと，片手で上部のステップボルトを握った状態で，ロープを一段上に移動する。

⑤ 途中の障害物等のため，一時的にワークポジショニング用ロープのフックを外す必要があるときは，必ずフルハーネス型のランヤードのフックを頭上の取付設備に掛けてから，ロープのフックを外すこと。障害物等を越えた位置では，再度ロープを回し掛けしてから，ランヤードのフックを外すこと。

⑥ 作業後，降柱するときも，①～④の逆の手順により行う。なお，ロック機能付き巻取り式ランヤードを使用している場合は，ロック機能が作動しないよう，急な動作は行わないようにする。

※4 安全ブロックや垂直親綱が使える場合は，これを用いて安全に昇降する。

## 5 作業時の留意点

① 作業場所では，まず，フルハーネス型のランヤードのフックを頭上の取付設備に確実に掛け，正しく掛かっていることを必ず目視で確認すること。また，フックを掛ける位置は，墜落した場合に振子状態になって物体に激突したり，感電の危険があるような位置は避けること。

② ワークポジショニング用ロープは，作業上必要最小限の長さに調節し，体重をかけるときは，いきなり手を離して体重をかけるのではなく，徐々に体重を移動し，異常がないことを確かめてから手を離すこと。

③ 作業場所の状況により，フルハーネス型のランヤードのフックを掛け替える必要がある場合，ワークポジショニング用ロープは掛替え時の墜落防止用に使用できるが，この場合は長さを必要最小限とすること。

④ 高所作業車（活線作業車）のバケットに搭乗しての作業では，フルハーネス型のランヤードのフックはバケット内のフック掛け等に確実に掛けること。ただし，高所作業車（活線作業車）の運転は，作業指揮者の指揮のもとで有資格者が行うこと。

# 第5章 管理



ゴム製の保護具，防具は，オゾン，熱，油などの影響を受けて劣化し，また，取扱いが悪いと傷，破れなどの損傷を生じ，絶縁性能が低下し感電防止の効果が十分に果たせなくなる。したがって，使用開始に当たっては，損傷の有無を点検するとともに，定期的に絶縁性能について電気的検査を実施する。

検電器は，電池や放電管等の内部構成部品が不良であると，検電不能になるので，使用開始に当たり，検電性能の良否を点検する。また，外筒が水でぬれていたり，ほこりが付着していると，表面抵抗が低下し感電する危険があるのでよく清掃しておく。

## 1 保管上の一般的注意事項

① 保管場所は，じんあい，湿気，油気などが少なくて通風がよく，薬品による腐食などのない場所，特にゴム，皮革および合成樹脂製のものは直射日光を避け，温度および湿気の著しい影響のない場所を選定し保管する。

② 保管に際しては，適時よく手入れを行い，次の点に注意していつでも使用できるよう整備しておく。

・ 泥土，薬品，油などが付着した場合は，すみやかに清掃し，またぬれた場合は乾燥させる。ただし，ゴム，皮革および合成樹脂製の部分は直射日光や強い火力などによる急激な乾燥を避ける。

・ ゴム製のものは，タルクを全面に塗布して保管する。

・ 金属製の部分は，さびの発生を防止するため機械油などを塗布して保管する。

③ 保管倉庫または収納箱には品目別一覧表を掲示し，これに基づいて常に整理・整頓を行う。

##  点検上のおもな着眼点および注意事項

① ゴム製品の場合は，次のことを調べる。

・ 刺傷，切傷，引っかき傷，亀裂，表面に食い込んだ異物などがないこと

・ 油やグリースなどの溶剤によるゴムの異常なふくれがないこと

・ とくにゴム手袋は，袖口より巻き込み，空気が抜けるか否かによりピンホールなどの傷の有無を調べること

② 合成樹脂製品の場合は，次のことを調べる。

・ ひび割れ，亀裂がないこと

・ 導電性プレートまたはテープなどが貼り付けられていないこと

・ 著しい引っかき傷，ちりなどの付着がないこと

・ ロープ類については，より溝，繊維の切れ端の現れかた，または劣化状態を調べる。

③ 金属製の部分については，破損，ひび割れ，腐食，かみ合わせ，安全装置の効力などを調べる。

④ 短絡接地器具については，次のことを調べる。

・ 接地電線の取付け部分の良否および断線の有無

・ 接地側および電路側金具の破損，変形または機構の良否

・ 絶縁材の破損，亀裂など

##  耐電圧性能の定期自主検査

絶縁用保護具・防具および活線作業用器具・装置は，6カ月以内に1回，耐電圧試験を行い，それらが所定の耐電圧（絶縁）性能を維持しているか検査しなければならない。交流の電圧が300 V を超え，600 V 以下の電路について用いる絶縁用保護具・防具の定期自主検査時の耐電圧試験においては，1,500 V 以上の試験電圧を加えて行う（昭和50年7月21日付け基発第415号）。

なお，耐電圧試験はメーカーや電気保安法人に委託して実施することもできる。耐電圧試験器等の試験設備のない事業場においても，試験を委託するなどし，必ず定期自主検査を実施すること。

##  点検・検査結果の記録および処置

定期検査を行った結果は，直ちに記録表に記入する（日常点検においても必要である場合は記入し，その履歴を明らかにしておく）。

点検・検査の結果，不良と判定されたものは，すみやかに取り替えたり，補修などの処置を行う。廃棄品としたものは良品と間違えないよう区分し，すみやかに処分する。

なお，絶縁用保護具・防具および活線作業用器具・装置の定期検査の記録は，3年間保存しなければならない（安衛則第351条）。

# 第4編

# 低圧の活線作業および活線近接作業の方法

**●第４編のポイント●**

低圧の活線作業および活線近接作業を安全に行うための方法と停電作業の手順などについて理解するとともに，災害発生時の救急処置の方法を学ぶ。電気取扱作業等についての災害事例をもとに，災害発生の原因と対策について考え，安全作業の重要性を理解する。

# 第1章 充電電路の絶縁防護

作業者の足もとが濡れている場合など感電しやすい状態で低圧の配線，電気機器などの充電部分を取り扱う場合，または充電電路に接近して電気工事の作業を行う場合には，接触による感電の危険を防止するため，作業者は絶縁用保護具を着用したり，これらの充電電路に絶縁用防具を装着することが必要である。はじめに，低圧電気取扱作業上の安全措置の概要を示す（**表 4-1**）。

表 4-1　低圧電気取扱作業上の安全措置の概要

<table>
<tr><th>作業の種類</th><th>必要な措置</th><th>備　考</th></tr>
<tr><td>低圧活線作業：安衛則第 346 条<br>（充電電路の点検，修理等）</td><td>絶縁用保護具着用<br>活線作業用器具使用<br>充電電路に絶縁用防具装着※</td><td rowspan="2">・離隔距離を確保（充電部を絶縁用防具で絶縁防護した場合，離隔距離内に入ることができる）<br>・絶縁性能を有した工具の使用が望ましい<br>※　活線近接作業だけでなく活線作業においても，作業場所周辺の充電部で危険な部分は絶縁用防具で防護（装着・取外しの際は絶縁用保護具着用・活線作業用器具使用：安衛則第 347 条②）</td></tr>
<tr><td>低圧活線近接作業：安衛則第 347 条<br>（充電電路に近接する場所での支持物の敷設，点検，修理，塗装等の電気工事の作業）</td><td>充電電路に絶縁用防具装着※<br>絶縁用保護具着用</td></tr>
<tr><td>停電作業：安衛則第 339 条<br>（第 3 章参照）</td><td>①開路に用いた開閉器に施錠，通電禁止の表示，監視人<br>②残留電荷の危険があるときは，残留電荷の安全な放電</td><td>・作業指揮者必要<br>・電路開放→接地器具等使用→検電<br>・一部停電の場合，作業場所周辺の充電部で危険な部分は絶縁用防具で防護</td></tr>
</table>

（注）墜落・転落の危険のある場所では墜落制止用器具を使用すること。

# 1 防護の対象物と絶縁用防具

防護を必要とする対象物と，適合する防具の例をあげると次のとおりである。

① 電線……電線の露出充電部分について必要に応じ防護する。直線状のものには絶縁管を，縁廻し線や，分岐箇所については絶縁シートなどを用いる。

② 変圧器の低圧側端子やアーク溶接機の入力側・出力側端子など……それぞれの端子の形状に応じた端子カバーを用いる（図 4-1）。

なお，万一，作業者が誤って絶縁不良箇所や露出充電電路に触れた場合に，他の身体の一部が電気機器の金属箱や配管など接地されている金属部分に触れている

図 4-1　変圧器の低圧側端子カバーの例（低圧開閉器カバー）

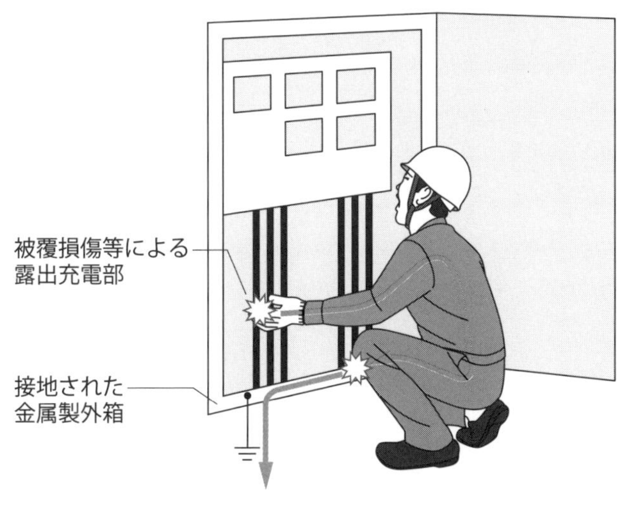


図 4-2　絶縁不良部分から入電し接地金属部分に出電する感電事例

と，身体に電流が流れ感電災害を起こすことになる（図4-2）。そこで，充電電路だけでなく，作業者周辺の接地された金属部分も防護することが望ましい。

##  絶縁用防具の装着と撤去

絶縁用防具を装着または撤去するときに充電電路に触れるおそれがあるので，装着または撤去にあたっては作業者に低圧用ゴム手袋，電気用長靴などの絶縁用保護具を着用させる。なお，防具の装着が不確実であると，振動や衝撃などにより防具が外れ，充電電路が露出することがあるので，確実に装着することが大切である。

また，絶縁用防具による防護は，作業者の作業行動によって，身体，取扱い中の工具などが充電電路に接触するおそれのある範囲をよく確認した上で確実に行うことが必要である。

# 第2章 作業者の絶縁保護



##  1 保護の部位と保護具

活線作業中の感電災害について，被害者の通電部位をみると手からの通電が最も多く，ついで，肩，上腕，背などの順になっている。保護を必要とする身体の部位とそれに適合する保護具の例をあげると次のとおりである。

① 手……低圧用ゴム手袋を用いる。

② 肩，上腕，背……肩あてまたは絶縁衣を用いる。

③ 頭……電気用保護帽を用いる。

④ 足……電気用長靴などを用いる。

なお，足から感電することは，非常にまれであるが，万一手から感電した場合でも足の部分が絶縁されていれば，手から足への電気回路が構成され難いので，電気用長靴など絶縁性能のある履物を用いることが望ましい。ただし，手から手，手から頭・肩・膝などに通電した災害事例から学び，「電気用長靴を履いているから安全」といった油断はないようにしなければならない。

##  2 保護具使用上の注意

絶縁用保護具は，劣化や傷，割れ等が絶縁不良の原因となるので，使用開始前点検を確実に行い，点検の結果，異常のあるものについては取り替えなければならない。使用中・使用後も大切に取り扱うこと。使用にあたって注意すべきことを次に述べる。

## (1) 低圧用ゴム手袋の日常点検と取扱い

使用開始前に目視点検および空気試験を確実に行い，傷や破損などを点検する（**図 4-3**）。また，使用上は次の点に注意すること。

〔低圧用ゴム手袋使用上の注意事項〕

○　油やアルコールなどに触れると劣化・損傷の原因となるので避ける。付着した場合は水などで洗浄または拭き取りを行う。

## (2) 電気用長靴の日常点検と取扱い

電気用長靴は，歩行等により損傷を受ける場合が多いので，活線作業または活線近接作業を伴う場合のみに使用し，他の作業の場合には作業靴に履き替えるなどして損傷の機会が少なくなるように大切に取り扱わなければならない。また，電気用長靴についても，使用開始前に空気試験を行う（**図 4-4**）。

空気を吹き込み指先に向かって丸めていく方法などで手袋内部の空気を加圧し，手袋をふくらませる。

軽くつぶして，ピンホールからの空気漏れがないか確認する。

**図 4-3　低圧用ゴム手袋の空気試験**

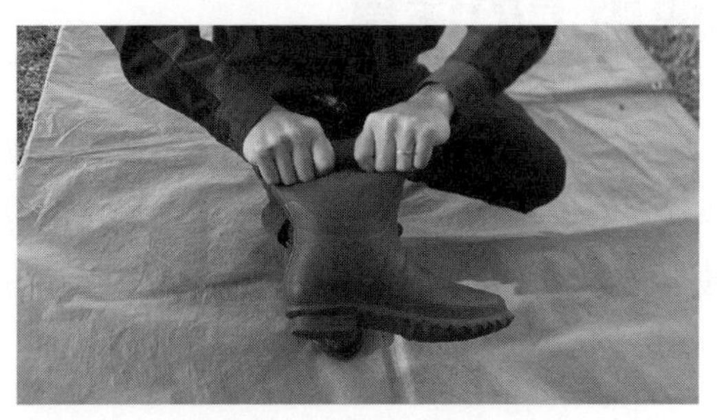

手袋と同様に，巻き込んでふくらんだ部分を押し，ピンホールからの空気漏れがないか確認する。

**図 4-4　電気用長靴の空気試験**

# 第3章 停電電路に対する措置

電路またはその支持物の新設，増設，移設，接続替え，点検，修理などの電気工事の作業を安全に行うには，危険な電路を停電させて行うことが望ましい。この場合，停電させた電路へ誤って送電されたり，近接している充電電路と混触して通電状態となると危険である。したがって，停電作業では，事前に作業の内容など必要な事項を十分理解しておくとともに，次のような措置を講ずることが必要である。

なお，低圧電路の場合でも，電路を開路して，「当該電路又はその支持物の敷設，点検，修理，塗装等の電気工事の作業」「当該電路に近接する電路若しくはその支持物の敷設，点検，修理，塗装等の電気工事の作業」「当該電路に近接する工作物の建設，解体，点検，修理，塗装等の作業」を行うときは，事業者は作業指揮者を定め，作業指揮者は作業者にあらかじめ作業の方法・順序を周知させ，かつ，作業を直接指揮することとされている。

## 1 停電に用いた開閉器の通電禁止の措置

作業中は，①停電に用いた電源スイッチに錠をかけておく，②そのスイッチの箇所に通電禁止に関する事項を表示しておく，③その場所に監視人を配置しておく，のいずれかの措置を行うことが必要である。

その方法としては，例えば，箱開閉器ではその操作用レバーを施錠するとか，カバー付ナイフスイッチのようなヒューズ付の開閉器の場合は，作業指揮者等がヒューズを取り外して保管する，などが考えられる。

##  残留電荷の放電

停電させた電路に電力ケーブルを使用している場合や力率改善用の電力コンデンサーなどが接続されている場合には，電源遮断後もなお電荷が残留する。ケーブルの場合は時間の経過とともに自然放電するが，電力用コンデンサーなどではかなり長時間電荷が残留する。このような残留電荷による感電の危険を防止するために，保護具を着用のうえ，接地器具等を用いて，電荷を安全に放電させ，除去することが必要である。

##  停電作業における必要な措置

電路を停電した場合には，作業指揮者は停電の状態や停電に用いた開閉器の施錠等を確認した後に作業の着手を指示することとされているが，各作業者も検電器などを用いて停電を確認してから作業にとりかかるようにするとより安全である。

停電中の作業においても，決められた手順を遵守し，作業指揮者の指示に従って作業をするとともに，特に電路の一部停電の場合には近接する充電部への接触事故防止の措置と管理を徹底しなければならない。

作業が終了し停電電路に通電しようとするときは，これに先立って，短絡接地器具等が完全に停電電路から取り外されているか，電路の接続方法などに誤りがないかなど，感電の危険を生ずるおそれがない状態を確認することが必要である。通電前に，各作業者は感電の危険のある位置から離れること。

停電作業における必要な措置は**表 4-2** に示すとおりである。

表 4-2　停電作業に必要な措置

| 段階　措置 | 打合せ事項 | 実施事項 |
|---|---|---|
| 作業前 | ・作業指揮者の任命<br>・停電範囲，操作手順<br>・開閉器の位置<br>・停電時刻<br>・接地箇所等<br>・計画変更に対する処置<br>・送電時の安全確認 | ・作業指揮者による作業内容の周知徹底<br>・開路に用いた開閉器に施錠または表示<br>・検電器による停電確認<br>・接地器具等の使用，残留電荷の放電等<br>・一部停電の作業における停電，活線の表示<br>・近くの充電部に対する防護 |
| 作業中 | | ・作業指揮者による指揮※<br>・開閉器の管理<br>・近くの充電部に対する防護状態の管理 |
| 作業終了時 | | ・接地器具等の撤去<br>・標識の除去<br>・作業者の感電の危険のないことの確認<br>・開閉器を投入し送電再開<br>・送電状態の確認 |

※　停電作業（安衛則第 339 条）においては，作業指揮者が作業を直接指揮すること（同第 350 条）とされている。なお，「停電作業だから」と絶縁用保護具などを使用せず，作業指揮者がその場を離れている間に近接する充電電路へ接触したり，不意の通電のために災害となるケースは数多い（本編第 6 章「災害防止（災害事例）」参照）。

# 第4章 作業管理（作業者の心得）

低圧電路での作業は，高圧電路での作業に比べて安易に考えられやすいが，感電災害はかなり発生しており，低圧でも死亡など重篤な災害となるケースは数多い（第1編第1章3⑵および本編第6章参照）。「たぶん大丈夫だろう」といった勝手な判断はつつしむこと。作業管理上，作業者が注意すべきことは以下のとおりである。

① 作業の時間，作業の目的と内容，防護の対象となる電路の範囲，最寄の遮断装置など，当日の作業に関する基本的な必要事項をよく理解しておくこと。

② 作業グループごとに，監督者・作業指揮者が定められている場合は，その指示に従うこと。

③ 電柱の昇降手順，保護具・防具・器具などの使用方法，電路の相別の取扱い順序，その他の作業方法，具体的な作業手順および異常時の対応等の詳細事項について不明な点がある場合は，作業開始前に確認しておくこと。

④ 電柱への昇柱や高所作業車（活線作業車）を使用した高所作業においては，必要な墜落制止用器具等（フルハーネス型およびワークポジショニング用器具など）を確実に使用して，墜落防止に留意して作業を行うこと（第3編第4章1参照）。

⑤ 特に停電作業においては，作業指揮者の指揮のもと，停電の状態および遮断した電源開閉器の管理の状態ならびに接地器具等の使用，残留電荷の放電等について安全であることを確認した後に，指示を受けてから作業に着手すること。

⑥ その日その日の健康状態にも注意し，無理な体調での作業は避けるようにすること。

# 第5章 救急処置

感電等により意識不明になった者を救うためには，すみやかに呼吸と心臓の鼓動を回復させる**心肺蘇生**（胸骨圧迫，人工呼吸）などの**一次救命処置**を行うことが重要である。実際の処置の前に行うべき基本事項として，周囲の状況の観察と安全確認がある。なぜなら，感電・酸欠・有毒ガスなどが原因の場合，傷病者に接近・触れただけで救助者も被害を受けて二次災害となるためである。

感電災害が発生し，感電者がまだ電線，電気設備等に触れている場合は，①まず，すぐに電源を切る。②電源を切れない場合，電気用ゴム長靴を履き，電気用ゴム手袋をつけて，乾燥した木の棒などの長い絶縁体を使って感電者と電線等とを引き離す（自分も感電するおそれがあるため，無理はしないこと）。③電源を切るか引き離すまで，不用意に被災者の体に触れてはならない。④感電者が外見上は特に異常のない場合であっても，身体の内部でひどい火傷を負っていることがありうるので，必ず医師の診察を受けさせること。

以上のように，周囲の状況を確認して自己の安全を確保してから，すみやかに一次救命処置に移らなければならない。ただし，これらの安全確認等に時間を費やし過ぎると救える命も救えなくなるため，短時間で判断することが必要である。

なお，胸骨圧迫のみの場合を含め，一時救命処置の心肺蘇生はエアロゾル（ウイルスなどを含む微粒子が浮遊した空気）を発生させる可能性があるため，新型コロナウイルス感染症が流行している状況においては，すべての傷病者に感染の疑いがあるものとして対応する。

一次救命処置について，その流れに沿って以下説明する（**図 4-5**）。

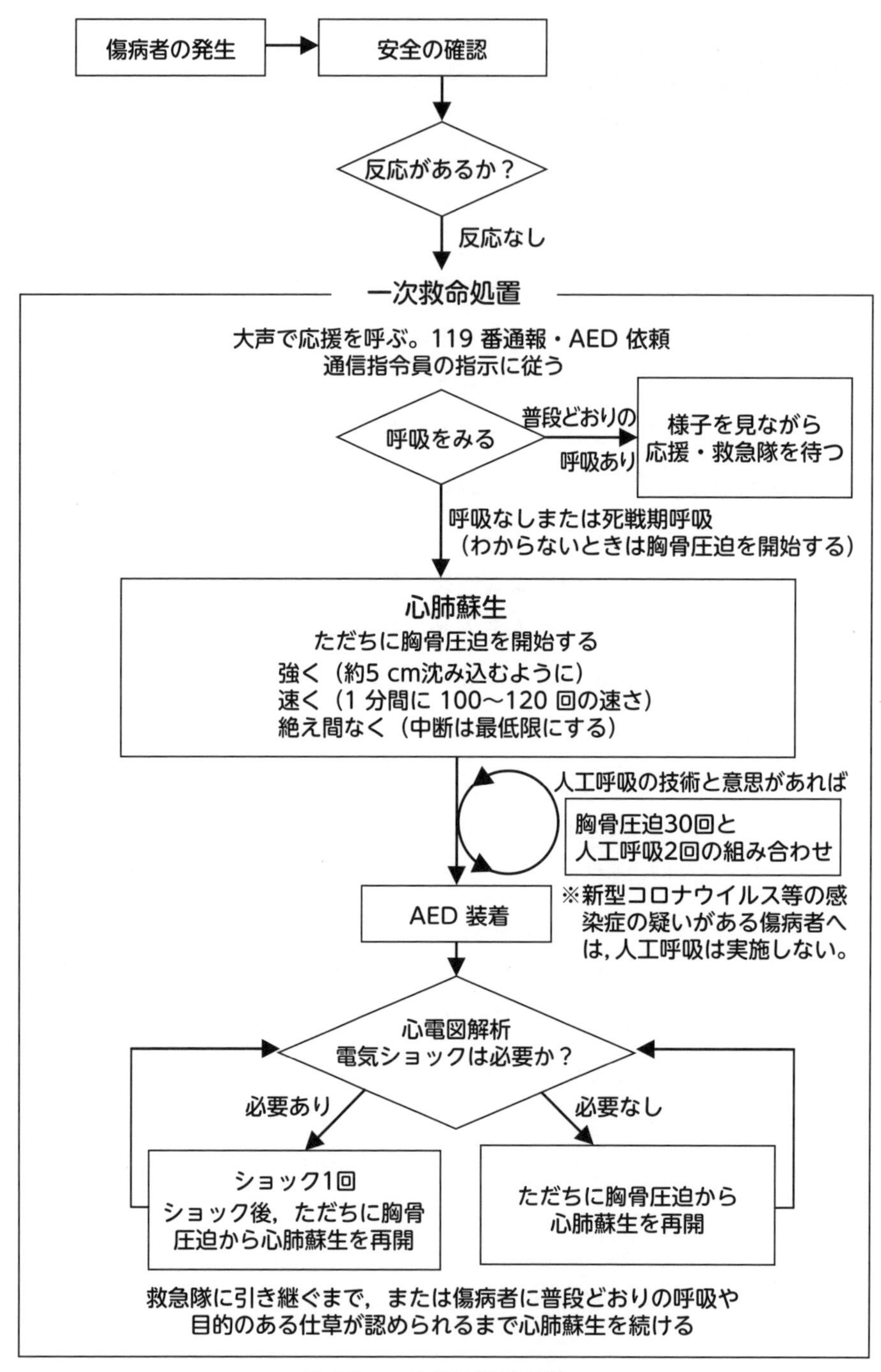


図 4-5　一次救命処置の流れ

## 1 発見時の対応

### ア　反応の確認

傷病者が発生したら，まず周囲の安全を確かめた後，傷病者の肩を軽くたたく，大声で呼びかけるなどの刺激を与えて反応（なんらかの返答や目的のある仕草）があるかどうかを確認する。この際，傷病者の顔と救助者の顔があまり近づきすぎないようにする。もし，このとき反応があるなら，安静にして，必ずそばに観察者をつけて傷病者の経過を観察し，普段どおりの呼吸がなくなった場合にすぐ対応できるようにする。また，反応があっても異物による窒息の場合は，後述する気道異物除去を実施する。

### イ　大声で叫んで周囲の注意を喚起する

一次救命処置は，できる限り単独で処置することは避けるべきである。もし傷病者の反応がないと判断した場合や，その判断に自信が持てない場合は心停止の可能性を考えて行動し，大声で叫んで応援を呼ぶ。

### ウ　119番通報（緊急通報），AED手配

誰かが来たら，その人に119番通報と，近くにあればAED（Automated External Defibrillator：自動体外式除細動器）の手配を依頼し，自らは一次救命処置を開始する。

周囲に人がおらず，救助者が1人の場合は，まず自分で119番通報を行い，近くにあることがわかっていればAEDを取りに行く。その後，一次救命処置を開始する。なお，119番通報すると，電話を通して通信指令員から口頭で指示を受けられるので，落ち着いて従う。

## 2 心停止の判断——呼吸をみる

傷病者に反応がなければ，次に呼吸の有無を確認する。心臓が止まると呼吸も止まるので，呼吸がなかったり，あっても普段どおりの呼吸でなければ心停止と判断する。

呼吸の有無を確認するときには，気道確保を行う必要はなく，傷病者の胸と腹部の動きの観察に集中する。胸と腹部が（呼吸にあわせ）上下に動いていなければ「呼

吸なし」と判断する。また，心停止直後にはしゃくりあげるような途切れ途切れの呼吸（死戦期呼吸）がみられることがあり，これも「呼吸なし」と同じ扱いとする。なお，呼吸の確認は迅速に，10秒以内で行う（迷うときは「呼吸なし」とみなすこと）。

反応はないが，「普段どおりの呼吸（正常な呼吸）」がみられる場合は，**回復体位**（**図4-6**）にし，様子をみながら応援や救急隊の到着を待つ。

傷病者を横向きに寝かせ，下になる腕は前に伸ばし，上になる腕を曲げて手の甲に顔をのせるようにさせる。また，上になる膝を約90度曲げて前方に出し，姿勢を安定させる。

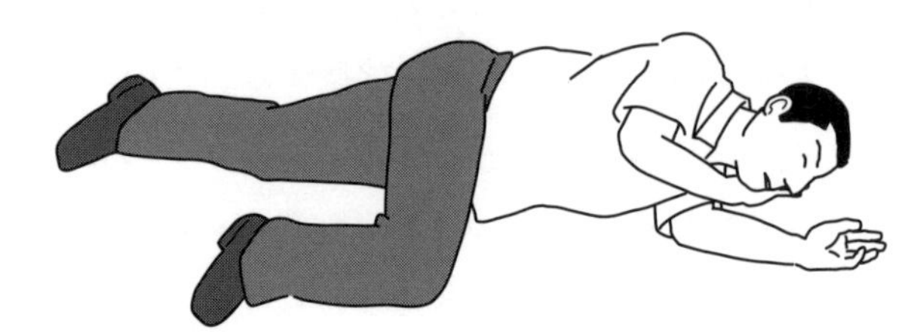

図4-6　回復体位

## 3 心肺蘇生の開始と胸骨圧迫

呼吸が認められず，心停止と判断される傷病者には**胸骨圧迫**を実施する。傷病者を仰向け（仰臥位）に寝かせて，救助者は傷病者の胸の横にひざまずく。エアロゾルの飛散を防ぐため，胸骨圧迫を開始する前に，ハンカチやタオル（マスクや衣服などでも代用可）などがあれば，傷病者の鼻と口にそれをかぶせる。圧迫する部位は胸骨の下半分とする。この位置は，「胸の真ん中」が目安になる（**図4-7**）。

この位置に片方の手のひらの基部（手掌基部）をあて，その上にもう片方の手を重ねて組み，自分の体重を垂直に加えられるよう肘を伸ばして肩が圧迫部位（自分の手のひら）の真上になるような姿勢をとる。そして，傷病者の胸が5 cm沈み込

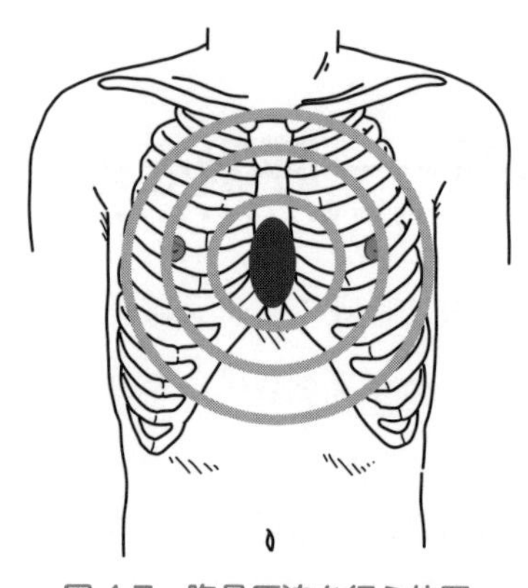

図4-7　胸骨圧迫を行う位置

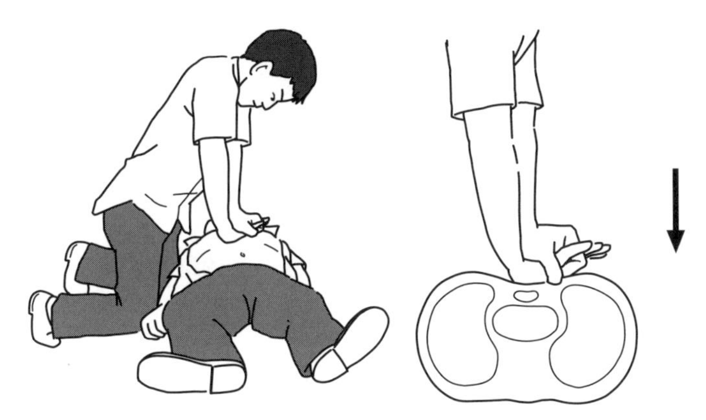

図 4-8　胸骨圧迫の方法

むように強く速く圧迫を繰り返す（図 4-8）。

1分間に100～120回のテンポで圧迫する。圧迫を解除（弛緩）するときには，手掌基部が胸から離れたり浮き上がって位置がずれることのないように注意しながら，胸が元の位置に戻るまで十分に圧迫を解除することが重要である。この圧迫と弛緩で1回の胸骨圧迫となる。

AEDを用いて除細動する場合や階段で傷病者を移動する場合などの特殊な状況でない限り，胸骨圧迫の中断時間はできるだけ10秒以内にとどめる。

他に救助者がいる場合は，1～2分を目安に役割を交代する。交代による中断時間はできるだけ短くする。

## 4 気道確保と人工呼吸

人工呼吸が可能な場合は，胸骨圧迫を30回行った後，2回の人工呼吸を行う。その際は，気道確保を行う必要がある。

### (1) 気道確保

気道確保は，頭部後屈・あご先挙上法（図 4-9）で行う。

頭部後屈・あご先挙上法とは，仰向けに寝かせた傷病者の額を片手でおさえながら，一方の手の指先を傷病者のあごの先端（骨のある硬い部分）にあてて持ち上げる。これにより傷病者の喉の奥が広がり，気道が確保される。

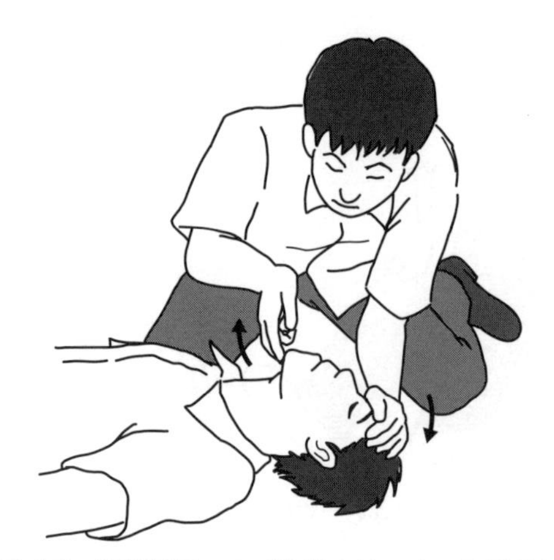

図 4-9　頭部後屈・あご先挙上法による気道確保

## (2) 人工呼吸

気道確保ができたら，**口対口人工呼吸**を 2 回試みる。

口対口人工呼吸の実施は，気道を開いたままで行うのがこつである。前述の**図 4-9** のように気道確保をした位置で，救助者が口を大きく開けて傷病者の唇の周りを覆うようにかぶせ，約 1 秒かけて，胸の上がりが見える程度の量の息を吹き込む（**図 4-10**）。このとき，傷病者の鼻をつまんで，息がもれ出さないようにする。

1 回目の人工呼吸によって胸の上がりが確認できなかった場合は，気道確保をやり直してから 2 回目の人工呼吸を試みる。2 回目が終わったら（それぞれで胸の上がりが確認できた場合も，できなかった場合も），それ以上は人工呼吸を行わず，直ちに胸骨圧迫を開始すべきである。人工呼吸のために胸骨圧迫を中断する時間は，10 秒以上にならないようにする。

この方法では，呼気の呼出を介助する必要はなく，息を吹き込みさえすれば，呼気の呼出は胸の弾力により自然に行われる。

図 4-10　口対口人工呼吸

なお，口対口人工呼吸を行う際には，感染のリスクが低いとはいえゼロではないので，できれば感染防護具（一方向弁付き呼気吹き込み用具など）を使用することが望ましい。

もし救助者が人工呼吸ができない場合や，実施に躊躇（ちゅうちょ）する場合は，人工呼吸を省略し，胸骨圧迫を続けて行う。

なお，新型コロナウイルスなどの感染症の疑いがある傷病者に対しては，救助者が人工呼吸を行う意思がある場合でも，人工呼吸は実施せず胸骨圧迫だけを続ける。



## 5 心肺蘇生中の胸骨圧迫と人工呼吸

胸骨圧迫30回と人工呼吸2回を1サイクルとして，**図4-11**のように絶え間なく実施する。このサイクルを，救急隊が到着するまで，あるいはAEDが到着して傷病者の体に装着されるまで繰り返す。なお，胸骨圧迫30回は目安の回数であり，回数の正確さにこだわり過ぎる必要はない。

この胸骨圧迫と人工呼吸のサイクルは，可能な限り2人以上で実施することが望ましいが，1人しか救助者がいないときでも実施可能であり，1人で行えるよう普段から訓練をしておくことが望まれる。

なお，胸骨圧迫は予想以上に労力を要する作業であるため，長時間1人で実施すると自然と圧迫が弱くなりがちになる。救助者が2人以上であれば，胸骨圧迫を実施している人が疲れを感じていない場合でも，約1～2分を目安に他の救助者に交替する。その場合，交代による中断時間をできるだけ短くすることが大切になる。

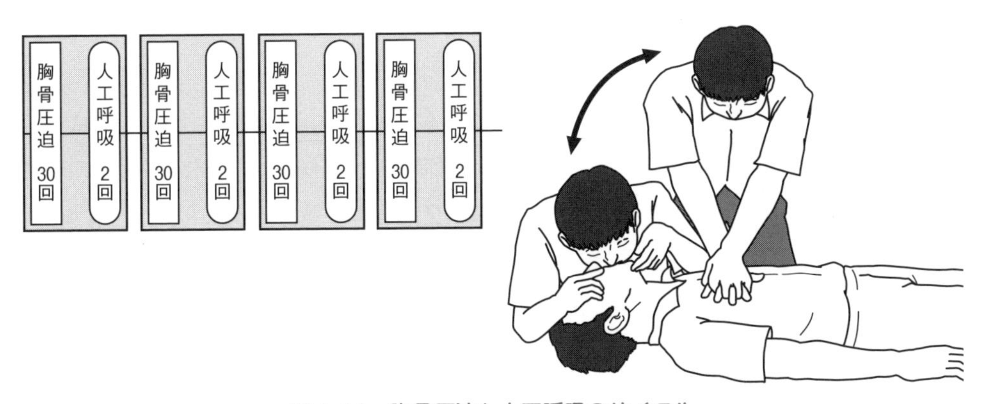


図4-11　胸骨圧迫と人工呼吸のサイクル

## 6 心肺蘇生の効果と中止のタイミング

傷病者がうめき声をあげたり，普段どおりの息をし始めたり，もしくは何らかの応答や目的のある仕草（例えば，嫌がるなどの体動）が認められるまで，あきらめずに心肺蘇生を続ける。救急隊員などが到着しても，心肺蘇生を中断することなく指示に従う。

普段どおりの呼吸や目的のある仕草が現れれば，心肺蘇生を中止して，観察を続けながら救急隊の到着を待つ。

## 7 AEDの使用

「普段どおりの息（正常な呼吸）」がなければ，直ちに心肺蘇生を開始し，AEDが到着すれば速やかに使用する。

AEDは，心停止に対する緊急の治療法として行われる電気的除細動（電気ショック）を，一般市民でも簡便かつ安全に実施できるように開発・実用化されたものである。このAEDを装着すると，自動的に心電図を解析して，除細動の必要の有無を判別し，除細動が必要な場合には電気ショックを音声メッセージで指示する仕組みとなっている。

なお，AEDを使用する場合も，AEDによる心電図解析や電気ショックなど，やむを得ない場合を除いて，胸骨圧迫など心肺蘇生をできるだけ絶え間なく続けることが重要である。

AEDの使用手順は以下のようになる。

### ア　AEDの準備

図 4-12　AED専用ボックスの例

AEDを設置してある場所では，目立つようにAEDマークが貼られた専用ボックス（図4-12）の中に置かれていることもある。ボックスを開けると警告ブザーが鳴るが，ブザーは鳴らしっぱなしでよいので，かまわず取り出し，傷病者の元へ運んで，傷病者の頭の近くに置く。

### イ　電源を入れる

AEDのふたを開け，電源ボタンを押して電源を入れる。機種によってはふたを開けるだけで電源が入るものもある。

電源を入れたら，以降は音声メッセージと点滅ランプにしたがって操作する。

### ウ　電極パッドを貼り付ける

傷病者の胸をはだけさせ（ボタンやホック等がはずせない場合は，衣服を切り取る必要がある），肌が濡れている場合は水分を拭き取り，シップ薬等ははがしてよく拭く。次にAEDに入っている電極パッドを取り出し，1枚を胸の右上（鎖骨の下で胸骨の右），もう1枚を胸の左下（脇の下から5～8cm下，乳頭の斜め下）に，空気が入らないよう肌に密着させて貼り付ける（図4-13）。

機種によってはこの後，ケーブルをAED本体の差込口に接続する必要があるものもあるので，音声メッセージにしたがう。

### エ　心電図の解析

「体から離れてください」との音声メッセージが流れ，自動的に心電図の解析が始まる。この際，誰かが傷病者に触れていると解析がうまくいかないことがあるので，周囲の人にも離れるよう伝える。

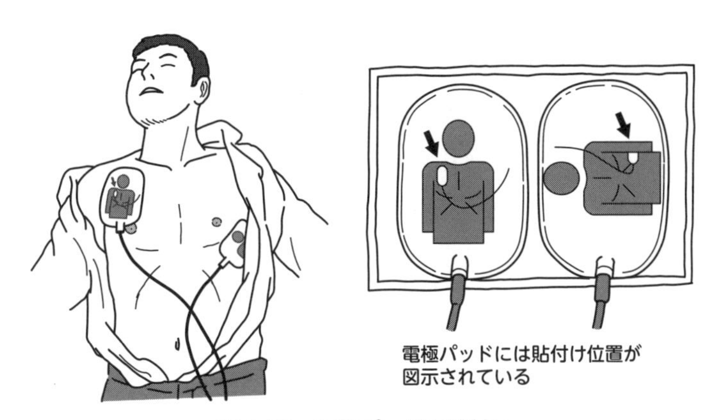


図4-13　電極パッドの貼付け

図 4-14　ショックボタンを押す

### オ　電気ショックと心肺蘇生の再開

AEDが心電図を自動解析し，電気ショックが必要な場合には「ショックが必要です」などの音声メッセージが流れ，充電が開始される。ここで改めて，傷病者に触れている人がいないかを確認する。充電が完了すると，連続音やショックボタンの点灯とともに，電気ショックを行うようメッセージが流れるので，ショックボタンを押し電気ショックを行う（図 4-14）。このとき，傷病者には電極パッドを通じて強い電気が流れ，身体が一瞬ビクッと突っ張る。

電気ショックの後は，メッセージにしたがい，すぐに胸骨圧迫を開始して心肺蘇生を続ける。

なお，心電図の自動解析の結果，「ショックは不要です」などのメッセージが流れた場合には，すぐに胸骨圧迫を再開し心肺蘇生を続ける。

いずれの場合であっても，電極パッドはそのままはがさず，AEDの電源も入れたまま，心肺蘇生を行う。

### カ　心肺蘇生とAEDの繰り返し

心肺蘇生を再開後，2分（胸骨圧迫30回と人工呼吸2回の組み合わせを5サイクルほど）経過すると，AEDが音声メッセージとともに心電図の解析を開始するので，エとオの手順を実施する。

以後，救急隊が到着して引き継ぐまで，あきらめずにエ～オの手順を繰り返す。

なお，傷病者が（嫌がって）動き出すなどした場合には，110頁で述べた手順で救急隊を待つが，その場合でも電極パッドははがさず，AEDの電源も入れたままにして，再度の心肺停止が起こった際にすぐに対応できるよう備えておく。

救急隊の到着後に，傷病者を救急隊員に引き継いだあとは，速やかに石鹸と流水で手と顔を十分に洗う。傷病者の鼻と口にかぶせたハンカチやタオルなどは，直接触れないようにして廃棄するのが望ましい。

# 気道異物の除去

気道に異物が詰まるなどにより窒息すると，死に至ることも少なくない。傷病者が強い咳ができる場合には，咳により異物が排出される場合もあるので注意深く見守る。しかし，咳ができない場合や，咳が弱くなってきた場合は窒息と判断し，迅速に119番に通報するとともに，以下のような処置をとる。

## (1) 反応がある場合

傷病者に反応（何らかの応答や目的のある仕草）がある場合には，まず腹部突き上げ（妊婦および高度の肥満者，乳児には行わない）と背部叩打（こうだ）による異物除去を試みる。この際，状況に応じてやりやすい方を実施するが，1つの方法を数度繰り返しても効果がなければ，もう1つの方法に切り替える。異物がとれるか，反応がなくなるまで2つの方法を数度ずつ繰り返し実施する。

### ア　腹部突き上げ法

傷病者の後ろから，ウエスト付近に両手を回し，片方の手でへその位置を確認する。もう一方の手で握りこぶしを作り，親指側をへその上方，みぞおちの下方の位置に当て，へそを確認したほうの手を握りこぶしにかぶせて組んで，すばやく手前上方に向かって圧迫するように突き上げる（**図 4-15**）。

図 4-15　腹部突き上げ法

この方法は，傷病者の内臓を傷めるおそれがあるので，異物除去後は救急隊に伝えるか，医師の診察を必ず受けさせる。また，妊婦や高度の肥満者，乳児には行わない。

**イ　背部叩打法**（こうだ）

傷病者の後ろから，左右の肩甲骨の中間を，手掌基部で強く何度も連続して叩く（図4-16）。妊婦や高度の肥満者，乳児には，この方法のみを用いる。

## （2）反応がなくなった場合

反応がなくなった場合は，上記の心肺蘇生を開始する。

途中で異物が見えた場合には，異物を気道の奥に逆に進めないように注意しながら取り除く。ただし，見えないのに指で探ったり，異物を探すために心肺蘇生を中断してはならない。

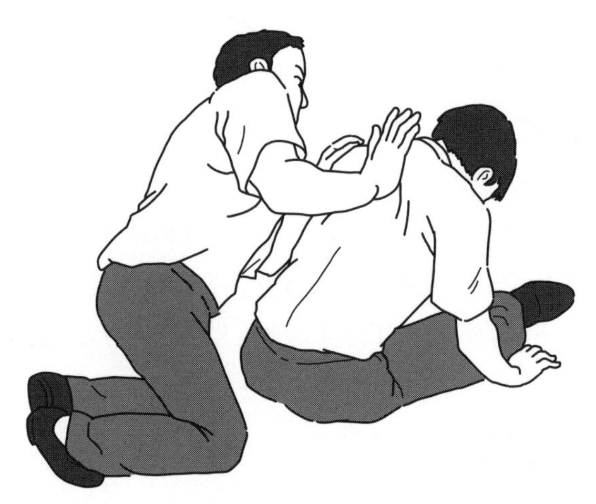

図4-16　背部叩打法

【引用・参考文献】
・日本救急医療財団心肺蘇生法委員会監修『改訂5版　救急蘇生法の指針2015（市民用）』へるす出版，2016年
・同『改訂5版　救急蘇生法の指針2015（市民用・解説編）』へるす出版，2016年

# 第6章 災害防止（災害事例）

配線作業，電気使用設備の点検整備作業，電路に近接しての塗装作業など，電気取扱作業者の感電等の電気災害の事例（事例１～事例11）のほか，関係作業における感電，墜落・転落，はさまれ・巻き込まれの災害事例（事例12～事例15）についても掲載した。



## 事例1 ビル天井裏の配線作業で活線に触れ感電

### 業種・被害状況

電気通信工事業，死亡者１名

### 災害発生状況

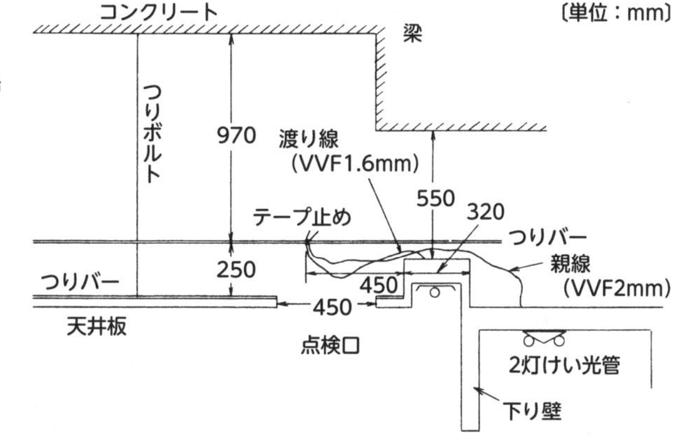


この災害は，デパート（鉄筋コンクリート造２階建，一部３階建）の新築工事現場での配線作業中に発生した。

このデパート新築工事は，元請のＭ建設から電気工事すべてをＴ電気工事が下請けし，Ｔ電気工事は２次下請けのＤ設備に，さらにＤ設備は照明灯取付け工事をＳ電機産業に請け負わせていた。

被災者を含むＳ電機産業の６名の作業者は，３名ずつ２組に分かれて２階の蛍光灯取付けおよび配線の作業に当たることとし，被災者と同僚Ｔ，同僚Ｋの３人は蛍光灯の渡り配線の取付け作業を担当することになった。配線は床面から高さ３ｍの天井裏（天井裏の空間は高さ約1.2ｍ）で行う必要があるため，被災者が天井裏に上がり，脚立上のＴとＫが被災者に渡り配線を差し出すことにした。

被災者は，下から受け取った渡り配線（VVF 1.6 mm）を親線（VVF 2 mm）に接続しようとし，親線の被覆を剥いたところ，これが対地電圧100 V，線間200 Vの活線であったため感電し，死亡した。

### 原因と対策

① この作業は当初，停電作業を予定していながら，作業者の判断で活線作業としていた。活線作業を行わなければ他に重大な支障がある場合を除き，原則として停電状態で作業を行う。

② 作業者全員が低圧活線作業を安易に考え，被災者は絶縁用保護具を着用していなかった。電気取扱者が低圧電気取扱作業で感電して死亡する災害は毎年多数報告されている。やむを得ず活線作業を行う場合には，絶縁用保護具を必ず着用する。

③ 当日は気温 24 ℃，湿度 65 % と汗ばみやすかったうえ，被災者は天井裏での作業で相当汗をかき，感電しやすい状態となっていた。また，天井裏は狭く，軽量鉄骨天井下地や吊ボルトなどの金属部分に囲まれており，感電の危険を生じやすい作業場所である。電気工事に従事する作業者には，このような感電危険についての教育を徹底する。

## 事例2 蛍光灯の安定器取替え作業を活線のまま行い感電

### 業種・被害状況

電気通信工事業，死亡者 1 名

### 災害発生状況

この災害は，商業施設の地下 1 階売り場の蛍光灯の安定器が故障し，これを活線作業により取り替える作業中に発生した。

この安定器の取替え作業は，天井裏に上がり，①故障した安定器に接続されている分電盤からの電源配線（240 V）を切断し，②安定器と照明器具とを接続している配線を外し，③照明器具にビス止めされている安定器を取り外し，④新しい安定器を照明器具に取り付け，⑤安定器と照明器具との配線を接続し，⑥安定器に付いている電源用リード線を電源配線に接続するものである。

午後 10 時過ぎになって，修理の依頼を受けた 2 次下請けの現場責任者である被災者が，握り部が絶縁覆いされた圧着ペンチ，プラスドライバーなどの工具を装備して，天井裏に上がり，金属製の排気用ダクトに腰掛けて，安定器の取替え作業を始めた。しばらくしたところで，照明灯の下で待機していた 1 次下請けの現場責任者が，「ドスン」という音を天井裏から聞き（同時に照明灯回路の漏電遮断器が作動して地下 1 階の照明灯がすべて消えた），天井裏に上がって見たところ，被災者が排気用ダクトに尻を乗せて後ろに倒れていた。

その後の調査により，被災者の左手指先に火傷の痕跡が認められたことから，活線作業中に電源配線の充電部に左手指先が触れ，腰掛けていた金属製排気ダクトが電流の流出経路となり，感電したものと推定される。

### 原因と対策

① 照明系統を停電せず，活線のまま安定器の取替えを行おうとしたこと。電気器具の修理作業を行うときは，可能な限り停電作業とすること。

② 工具の握り部は絶縁被覆されていたが，素手のまま活線作業を行ったところ充電部に左手指先が触れてしまった。活線作業を行うときは，必ず電圧に応じた絶縁用ゴム手袋などの絶縁用保護具を着用するとともに，接地されている金属部分を絶縁シートで防護するなどの措置を講ずる。

③ 天井裏は，30℃を超える室温となっており，被災者はかなり発汗していた。また，作業場所には細かい作業をするのに十分な明るさがなかった。扇風機を用いるなど作業場所の快適化をはかり発汗を和らげる工夫を行い，また投光器を用いるなどして十分な作業照度を確保する。

④ 作業の安全を確保するための検討を十分に行わなかったこと。あらかじめ作業の計画を作成し，停電の可否や活線作業の安全確保に必要な防護対策を検討し，適切な作業方法を決定する。

## 事例3　ケーブルの通り具合を確認しようとしたとき，耳が電源側端子に接触

### 業種・被害状況

電気通信工事業，死亡者1名

### 災害発生状況

この災害は，採石プラントに新設された集じん機用の電源ケーブルを，操作室のダクトに敷設する作業中に発生した。

採石プラントのコンベヤに併設して集じん機2基が新設されたことに伴う電気工事一式はX社が受注し，X社からは工事責任者，作業者A（被災者），Bの3名が派遣された。午前中に1号集じん機の作業を終え，午後からは2号集じん機の作業を始めた。

まず，操作室の配線用ダクトに2号集じん機用ケーブルを敷設する作業を始めた。作業者Bが操作盤脇のダクトカバーを取り外してケーブルを通し始め，被災者は，操作室内の分電盤の扉を開けて，ダクト内のケーブルの通り具合を確認するため，分電盤下部の開口部からのぞき込むようにしていた。

操作室の外にいた工事責任者が室内の被災者に声をかけたところ返事がなかったので，不審に思い室内に入ってみると，被災者が分電盤にもたれかかるようにして倒れているのを発見した。

被災者がダクト内に右腕を入れて新設のケーブルの通り具合を探っていたところ，右耳部が裸端子に触れ，ダクトに触れていた右腕および配電盤側部に触れていた左手を介して感電したものと推定される。

### 原因と対策

① 分電盤の電源側裸端子が通電状態であったこと。電気工事を行うときには，可能な限り停電して行う。充電部に近接して作業を行う必要があるときは，充電部に絶縁シート等の絶縁用防具で防護する。

② 適切な保護具を着用していなかったこと。充電部を取り扱う作業または充電部に近接して作業を行う必要があるときは，その電圧に応じた絶縁用保護具を着用する。

③ 工事責任者が部下に対し，保護具の使用，充電部の絶縁防護などの適切な指示を行っていなかったこと。事業者は，作業計画の作成，感電防護対策などについて基準類を整備し，この基準類に基づいて作業計画が作成される仕組みを構築するとともに，これらの基準類の遵守状況をチェックする仕組みや基準類の見直し体制などの管理体制を整備すること。あらかじめ，電気工事に従事する者に対し，電気に関する特別教育や定期的な安全教育を実施すること。

## 事例4 電気計器の校正中に感電

### 業種・被害状況

計量器測定器製造業，死亡者1名

### 災害発生状況

この災害は，輸送用機械器具製造工場の電気計器の校正作業中に発生した。

被災者は，主に工業用計器の保守，点検を行う会社に所属しており，同僚1名とともに輸送用機械器具製造工場の電気炉用制御盤の温度記録計，温度調節計の校正作業を行うことになった。校正作業は，①校正用の電気信号を計器に入力して指示値を記録，②分解点検，清掃，部品交換，指示値の調整，③再度電気信号を入力して精度試験等を行い試験成績書に記入，といった手順で実施するものである。

作業の分担は，被災者が温度調節計，同僚が温度記録計の校正作業で，朝から作業を開始し，昼の休憩を挟んで午後まで続けられていた。

同僚は，制御盤から3mほど離れた場所で温度記録計を分解して点検を行っていたが，午後3時50分頃に被災者の方を見たところ，制御盤の下部ピットに右手を入れ，上体を制御盤の左下方に接触させて制御盤に倒れ掛かって痙攣（けいれん）を起こしていた。直ちに被災者を救出し，病院に移送したが，翌日に電撃症のため死亡した。

被災者が担当していた温度調節計は制御盤上方に配置されていたが，下方には配線端子（100Vおよび200V）があり，さらに下方はピットになっていて多くの配線が密集していた。

被災者は昼食時間に「ピットにドライバーを落とした」と同僚に話していた。被災者の右側頭部と右上腕部には電流斑が残っており，事故後の調査で端子部分（実測値214V）に頭髪が付着しているのが発見された。被災者は作業が終了に近づいたところでピット内に手を差し入れて拾おうとし，端子部分に右側頭部を接触させたため電流が流入し，ピット内の右手からフレーム等を通じて電流が抜けたものと推定される。

## 原因と対策

① 停電せずに制御盤下部のピット配線群の中に素手を差し入れたこと。作業用工具等を取り落とした場合等で，それを拾う際に低圧電路の露出充電部に接触するおそれがある場合には，電気設備等の管理者と連絡調整のうえ停電してもらう。なお，電気機械器具の露出充電部，電路の露出充電部等で作業中または通行の際に接触の危険がある場合には，感電を防止するための囲いまたは絶縁覆いを設置する（安衛則第329条）。下部のピット等にも工具などが落ちないようカバーや覆いをすることが望ましい。

② 電気設備等のメンテナンス作業は，顧客先の種々に配置されている電気設備等について実施することが多く，しかも停電で作業を行うことが少ない。本事例のような温度記録計等の校正作業は停電で行うことができないため，必然的に制御盤の中の充電部に近接して行う作業となるが，そのマニュアルが作業の実態に合ったものとはなっておらず，校正作業の際の電撃防止対策が定められていなかったこと。作業開始前の打合せを十分に行い安全な作業計画を作成するとともに，絶縁防護の要領，絶縁用保護具等の着用や点検の要領などを含む具体的な作業手順を定め，あらかじめ関係作業者に周知徹底する。

③ 作業者2名は，低圧電気取扱に係る特別教育のうち，学科教育に関する部分は安全衛生団体が実施した講習を受講していたが，その知識が活かされていなかった。特別教育修了者に対しては定期・随時に能力向上のための教育訓練を実施する。また，安全衛生団体等が実施する低圧電気特別教育の学科講習を修了した場合でも実技教育（7時間）を別途実施することを怠ってはならない。

# 事例5 分電盤接続ケーブル付替え作業中のアーク発生事故

## 業種・被害状況

電気通信工事業，死亡者１名

## 災害発生状況

この災害は，自動車製造工場構内において，溶接ラインの分電盤に接続された負荷側ケーブルを付け替える作業中に発生した。

ケーブル付替え作業は，まず，作業責任者が分電盤内の負荷側のブレーカーがすべてOFFになっていることを確認し，作業者Ａ（被災者）およびＢが負荷側のアクリルカバーを取り外し，検電器により負荷側の端子に通電されていないことを確認して始められた。

その後，作業責任者は元請会社との打合せのため現場を離れ，Ｂは必要部品を資材置き場に取りに行った。

一人残った被災者は，ブレーカーに接続されていたケーブル２本と，アース端子に接続されているアース線を取り外した。そして，取り外したケーブルを分電盤背面に引き抜こうとして揺すったところ，アース線の先端がブレーカーの電源側のブスバー（銅帯）を覆っているアクリルカバーの隙間から入り込み，電源側の線間が短絡してアークが発生した。この短絡アークによりアクリルカバーが溶融・燃焼して飛散し被災者のズボンに付着したため，被災者は火傷を負い，２週間後に死亡した。

## 原因と対策

① 分電盤内での作業が負荷側だけに限定された作業であったため、負荷側のブレーカーを開路することで危険性がないものと判断し，電源側を通電状態としたまま作業を行っていたこと。ケーブル付替えなど分電盤内で作業を行うときは，原則として主幹ブレーカーも開放し，電源側も停電する。また，分電盤内などで低圧活線近接作業を行う必要があるときは，危険な隙間を絶縁シートなどで防護すること。

② 単独作業のため，固定されていないアース線が振れて危険な状態となっていることが見過ごされたこと。単独作業の排除，監視人の配置等により作業者や機材などに危険な状態が生じたときは迅速に作業を停止できるようにする。

③　ブスバーを覆うアクリルカバーの隙間が広すぎたため，アース線の先端が振れた際に容易に隙間から入ってしまったこと。また，覆いに熱に弱いアクリルカバーを使用していたこと。カバーは導電性の物が入り込まないように隙間を可能な限り狭くするとともに，高温に耐える難燃性の材質のものとすることも検討する必要がある。
④　低圧電気の危険性等について安全教育が実施されていなかったこと。本事例のようなアーク事故は，ドライバーの先端でブスバー間を短絡したり，接触式の低圧用テスターや検相計等を誤って高圧側で使用して機器内部で短絡することなどでも発生する可能性がある。活線近接作業における感電の危険性や導電性の物による線間短絡の危険性およびそれらの対策について安全衛生教育を繰り返し実施する。
⑤　作業の安全性について事前の検討を行うことなく作業責任者と作業員の経験による判断により作業が進められたこと。工事ごとに，作業方法や監視人の配置などに関する事項を含めた作業手順を定め，作業指揮者の直接指揮により作業を行う。また，元請は下請に対して，作業場所の巡視，作業手順の作成および安全教育の実施に関する技術的な指導援助を行う。

## 別のスイッチを開放し，停電したつもりで活線を切断して感電

### 業種・被害状況

電気通信工事業，死亡者１名

### 災害発生状況

この災害は，百貨店の避難口誘導灯の取付工事において発生した。

災害発生当日，被災者を含むX電気工業所の作業者３名は地下１階の誘導灯の工事を行っていた。午前中に配線工事が完了し，午後からは誘導灯の結線作業（既設の誘導灯用幹線（100 V）の電源を切り，幹線に誘導灯を接続）を行うことになった。そこで，作業者１名が分電盤のところへ行き，スイッチを開放して被災者たちに合図した。被災者が合図を見て，電線を切断しようとしてペンチではさんだところ，「アーッ」と叫び声をあげ，その場で動けなくなった。直ちに同僚たちが駆けつけ，被災者の手をペンチから離させたが約10分後に死亡した。

事故後の調査の結果，開放されたスイッチは誘導灯用幹線のものではなく，他の配線スイッチであった。したがって，「既設の誘導灯用幹線－ペンチ－被災者－コンクリートスラブ－既設の誘導灯用幹線の系統接地」の回路が構成されて被災者に電流が流れ，感電したものである。

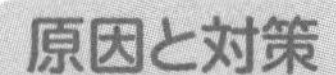

## 原因と対策

① 停電作業を予定していたのに，検電器具などは持ってきておらず，使用されなかった。停電作業では，検電器等で停電を確認してから作業に着手する。

② 分電盤の各スイッチには表示などの措置が行われていなかった。開放すべきスイッチを誤認するおそれがないように，各スイッチには明確な表示を行うなど誤操作防止の措置を講ずる。

③ 停電作業においては，作業指揮者を選任し，作業を直接指揮する。なお，電路の回路に用いる開閉器には，作業中は施錠もしくは通電禁止に関する事項を表示し，または監視人を配置する。

# 事例7 冷暖房機を点検中に感電

### 業種・被害状況

電気器具小売業，死亡者1名

### 災害発生状況

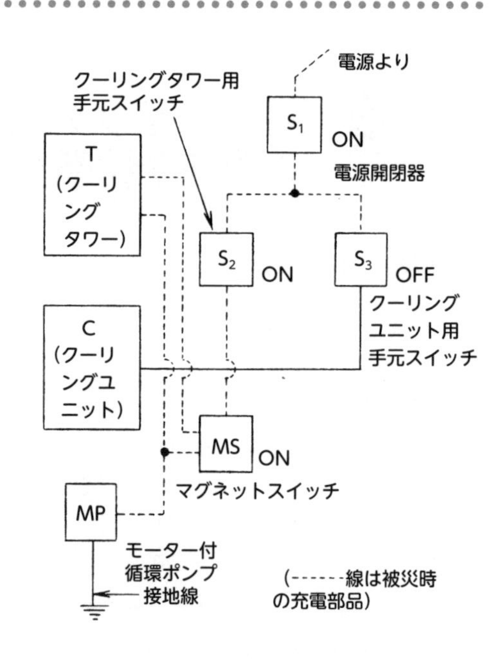


この災害は，冷暖房設備の暖房・冷房の切換えと点検・試運転の作業中に発生した。

災害当日（6月），K商店の保守修理係A（被災者）は，同店が冷暖房設備を設置販売したT医院で作業を行っていた。クーリングタワー（冷房機械室の屋上にある），クーリングユニット（冷凍機を内蔵している），モーター付き循環ポンプ等を点検したところ，モーター付き循環ポンプ（三相3線200 V）が故障していた。そのため，被災者はこのポンプを持ち帰って修理することとし，当該ポンプを取り外すことにした。

そこで，ポンプへの配線の接続箇所の絶縁テープを取り外しにかかったとき，露出充電部に左手中指が触れ，電流が右膝に抜けて電撃を受け，死亡した。

なお，被災者は，電気工事士の資格を有していなかったが，同種業務に20年間勤務している熟練者であり，電気に関する知識および技能は十分にあったものの，テスター等の検電器具や低圧用ゴム手袋等の絶縁用保護具は携帯していなかった。

被災時，電源開閉器（$S_1$），クーリングタワー用手元スイッチ（$S_2$）およびマグネットスイッチ（MS，クーリングタワーとモーター付き循環ポンプを同時に作動するためのスイッチ）はON状態であったが，クーリングユニット用手元スイッチ（$S_3$）はOFF状態であった。

### 原因と対策

① クーリングタワー用手元スイッチ（$S_2$）とクーリングユニット用手元スイッチ（$S_3$）とを錯覚または誤認し，停電のつもりで作業したこと。電路を開路後は，必ず検電器具（検電器，テスター等）を使用して，当該電路の停電状態を確認してから作業に着手する。

② 電気設備の点検，修理等を行う場合，感電災害を防止するために，できるだけ当該電路を開路して停電作業を行う。その際は，作業場所直前の開閉器等を開路して負荷側のみ停電とするのではなく，安全のため，電源側の主開閉器等（図の $S_1$ に相当）の開路の必要性についても検討する。

③ なお，停電作業においては作業指揮者の選任が必要である。活線作業とせざるをえないときは，低圧用ゴム手袋等の絶縁用保護具を着用する。また，停電して作業を行う場合でも，安全のためにケーブル断面や裸端子などを防護する等の手順も検討する。

## 事例8　停電作業のつもりが，活線が１本残っていて接触，感電

### 業種・被害状況

塗装業，死亡者１名

### 災害発生状況

この災害は，造船所の工場建屋の天井アングル塗装作業中に発生した。

X 塗装工業所は，Y 造船所の専属下請けとして，船の塗装を専門に請け負っていたが，造船所からの注文で天井アングルの塗装を行うことになった。

当日は休日で，工場は全ての運転を休止しており，塗装作業は，X 塗装工業所の事業主 A が作業指揮者となって開始された。造船所の営繕係の担当者からは，工場内の両側壁面に高圧（3,000 V）のクレーントロリー線があり，また天井には低圧（220 V）の動力用屋内配線（絶縁電線）が架設されていて危険であるから，必ず電源を切って，工場内を全停電して作業するよう指示されていた。

塗装を行うアングルの下まで天井クレーンを造船所のクレーン運転士に移動してもらってから，A は営繕担当者に指示された各開閉器を開路し，被災者を含む６名の作業者が天井クレーンのガーダー上に昇り塗装にかかった。

ところが，天井には別系統の低圧動力用配線（絶縁電線）がもう１本架設されていた。この電線は開路されておらず活線のままで，また，絶縁被覆が損傷していたため，塗装作業中の被災者がこの電線に接触して感電し，死亡した。

この別系統の電路は，造船所の受電設備から地下ケーブルで工場内の油圧プレスに配線された後，天井に上って隣の棟に配線されていたもので，クレーン用電路や工場の一般

動力用電路とは別の開閉器で開閉されるものであったが，Aに電源の開閉を指示した営繕の担当者は，このことに気付いていなかった。

### 原因と対策

① 停電作業といえば，電気の危険からまったく解放された安全作業であるはずであるが，実際はこの災害のように，毎年死亡災害が発生している。本事例では，開路後の停電確認が省略されていた。開閉器の操作は必ず指名された者が確実に行うとともに作業現場近くの全ての電路が停電していることを検電器等で確認する。

② 下請けの事業者に営繕係が天井アングル塗装を注文する際，停電作業の指示を電気係でない営繕担当者が行ったことは不適切である。営繕担当者は，作業場所の近くに別系統の電路が配線されていることを知らず，Aにこの電路の開放を指示できなかった。工場内の電気設備を統括管理している電気主任技術者が直接指示を与えるとともに，下請けの労働者に作業中に接近する電路の系統について正しく認識させ，停電の確認，開路した開閉器の施錠または通電禁止の表示などの措置を講じさせる。

③ なお，本事例にある，クレーンガーダーの上からの塗装は，姿勢が不安定で無理が伴い，また，塗装箇所が移動するたびに，電源を入れてクレーンを移動させなければならず，その度に感電の危険が伴うものである。天井アングルの塗装のような作業では，専用の足場を組んで行わせることを検討する。

## 事例9 仮設配線の接続作業で，投入の合図と早合点してスイッチを入れ感電

### 業種・被害状況

建築工事業，死亡者1名

### 災害発生状況

この災害は，工事用の動力ウインチを据え付けるための仮設配線作業において発生した。

同作業は，ある機械工場の建築工事の一環で行われるもので，作業を受注したX社では，これを被災者を含む2名で行うこととした。

災害発生の当日，被災者はウインチ側の電線接続を受け持ち，同僚は約25m離れた見通しの良くない位置にある仮設分電盤のところで電源側の接続を行っていた。

同僚は5分程度で電源スイッチの接続作業を終わり，電源投入の連絡があるまで待機していた。しばらくして，被災者が同僚の名を呼んだので，同僚は投入の合図と早合点し電源スイッチを入れた。

ところが，被災者はウインチ用モーターのリード線接続作業を行っている最中であったので，不意の通電により，はげしい電撃を受けて即死した。

電源スイッチ側と負荷側とを手分けして，お互いに見通しのきかない状態で同時に結線作業を実施していながら，低圧の簡単な仮設配線作業だからという油断も手伝ってか，相互の連絡と確認が不十分となり，一瞬の間にこのような災害を引き起こしたものである。

### 原因と対策

① ここにあげた例のほか，停電工事で電線の張替えをしていたとき，あるいは電気設備の耐電圧試験準備をしていたときなど，電源操作側との連絡が不十分のために不意の通電によって感電災害を起こした事例は多い。作業着手前に，各自の分担や作業の内容，範囲，順序など具体的な施工要領をよく打ち合わせておくとともに，作業の進行状況に応じて相互の連絡が正確・迅速にできるよう合図の方法や確認の仕方を決めておくことが大切である。

② 電源スイッチの操作についての慎重さが欠けていた。スイッチを投入するときは，各作業者が作業位置を離れたことや，負荷側の接続状況・絶縁防護の状況などを確認した上で行う。簡単な低圧の仮配線工事でも，この事例のような相互の見通しが良くない位置での作業では，作業指揮者を置き，作業の進行状況の把握や通電時の安全確認など必要な措置を行わせる。

## 事例10　漏電調査中に感電

### 業種・被害状況

その他，死亡者１名

### 災害発生状況

この災害は，ビルの屋上のキュービクル（高圧受電設備を入れておくための建屋）に漏電の調査のために立ち入った際に，被覆されてない低圧（交流 100 V および 200 V）の充電電路（銅帯）に接触し，感電したものである。

被災者は電気の保安業務を行うX社の作業者である。災害が発生したY社のビルのキュービクルには，道路に面した電柱線から引き入れた交流 6,600 V を受ける受電盤，およびこれを交流 100 V および 200 V に変換するトランス（変圧器）が入っていた。また，ここには漏電を監視するため絶縁監視装置が設置されており，漏電が発生するとこの装置が働いて，X社に通報する仕組みとなっていた。

災害発生の前日，午前７時 30 分にこの絶縁監視装置からX社にある受信機に異常を知らせる通信が入った。その内容は「警戒」（漏れ電流が 50 mA 以上になったときの受信機への印字）であり，X社のこの日の当直の作業者がY社に電話で連絡したところ，誰も出なかった。

翌日の午前9時に，X社の作業者A（被災者）が受信機を見たところ，通報の内容は，「自動ロック」(「警戒」が連続して1時間経過したときの受信機への印字) であった。このため，被災者は漏電の状況を調べるために，1人でY社に向かった。

通常，漏電調査の作業では，絶縁監視装置の異常を知らせるランプが点灯した場合，復帰ボタンを押すことにより，異常の点灯が消えれば「異常なし」として作業が終了するが，点灯が続けば「異常」の可能性があるので，配電盤のケーブルにクランプ (電流計) を当てて漏電の測定をすることとなっていた。

このため現場に着いた被災者は，まず，キュービクル外部にある絶縁監視装置の復帰ボタンを押した。そして，「自動ロック」が解除されたかどうかを確認するため，X社に電話をし，受信機が「自動ロック解除」の印字をしたことを確認した。

しかし，その後キュービクル内の何らかの異常に気付いた被災者は，キュービクル内に入った。キュービクル内では，トランスの一次側につながっている6,600 Vのケーブルには被覆がしてあったが，2次側の100 Vおよび200 Vの銅帯には被覆がしていない状態であった。また，トランスと銅帯とは35 cmしか離れていなかった。

被災者は，キュービクル内で大口径クランプを用いて銅帯の近くのケーブルの漏電電流を測定しようとしたところ，誤って被覆されていない銅帯に接触して，感電し，死亡した。

## 原因と対策

① 低圧の銅帯に近接する場所で点検 (漏電調査) の作業を行う場合において，銅帯に接触することにより感電する危険があったにもかかわらず，対策を講じていなかったこと。低圧の充電電路に近接する場所において，電路またはその支持物の点検，修理等の作業を行う場合は，充電電路に絶縁用防具を装着するか，または，作業者に絶縁用保護具を着用させ，かつ保護具を着用していない部分が充電電路に接触しないような措置を講じる。

② 送電中のキュービクルの点検について，X社の作業手順書では，キュービクルの外部から目視する，あるいは低圧露出充電部分の停電を行ってから作業を進めることについて定めていたが，安全衛生教育が徹底されていなかったこと。充電電路に近接する場所での点検，修理等の作業を行う作業者に対して，安全な作業方法等についての安全衛生教育を徹底する。

# 事例11 柱上作業中，漏電していた近隣家屋からの漏れ電流で感電

## 業種・被害状況

電気通信工事業，死亡者１名

## 災害発生状況

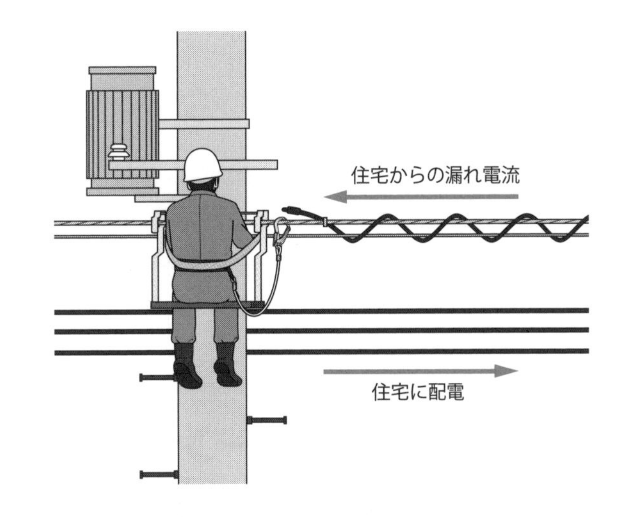


この災害は，インターネット用光ファイバーケーブルを電柱に架線する工事中に発生した。

災害発生当日，１次下請（X社）の作業者A（被災者）は，現場代理人Bおよび他の作業者４名とともに，現場に到着した。現場には高所作業車で作業を行う元請（Y社）の作業者数名も到着していた。作業開始前にBが作業予定の説明をし，さらに「漏電の有無を検電器で確認するように」と指示した後，各作業者が検電を実施したところ，被災者が担当する電柱で変圧器を固定している番線に漏電が確認されたので，Bはすぐに作業者全員に検電し直すよう指示したが，再検査ではいずれの電柱でも漏電は確認されなかった。そこで各作業者は指示された電柱に上り作業を開始した。

午前中は，メッセンジャーワイヤー（光ファイバーをつり下げる支持鋼線）を掛け渡す作業を行った。被災者は，午後も午前中と同じ電柱に上り，メッセンジャーワイヤーに光ファイバーケーブルをつり下げるためのリング状の金具を取り付け，光ファイバーケーブル牽引用ロープを通す作業を行っていたが，午後２時半頃，電柱上の変圧器の固定用番線に触れたときに感電した。被災者は救出され病院に移送されたが，既に死亡していた。

災害発生時，被災者が上っていた電柱の変圧器から配電される住宅の１軒で漏電が起きていたことが後に分かった。この漏電のため，変圧器→住宅（漏電）→地面→高所作業車→メッセンジャーワイヤー→被災者→変圧器固定用番線→変圧器の経路で電流が流れ，経路の途中にいた被災者が感電したものである。なお，午後の作業前には検電を実施していなかった。

X社では，光ファイバーケーブルの架線作業，電柱上での作業姿勢の確保に係る作業手順書を作成していたが，検電器の使用方法，漏電の確認方法，電力線への防護等，感電防止に関する内容を作業手順書に盛り込んでいなかった。

### 原因と対策

① 午前中の作業前に漏電を検知したにも関わらず，漏電の原因を確認しないまま作業を行ったこと。また，午後の作業開始前に検電を行わなかったこと。作業前の検電で漏電を検知したときは，その原因を究明し，必要な措置を講じた上で作業を行うようにするとともに，検電は，休憩後など作業開始の都度行う。

② X社では作業手順書を作成していたが，感電防止に関する内容は盛り込まれていなかった。作業手順書には，検電器の使用方法，漏電の確認方法，配電線への防護等，感電防止に関する内容も盛り込むようにする。さらに，関係作業者に対し繰り返し教育訓練を実施し，その内容を周知徹底するとともに，作業の責任者は，作業の状況を常に監視し，必要な安全作業についてその場で指導することも重要である。

③ 作業を行う電柱に架線された配電線等の充電部分には，絶縁管，絶縁シートを取り付ける等の感電防止措置を講じ，作業を行う。また，事前に電力会社に連絡をしておくことも重要である。

## 事例12 天井クレーンのペンダントスイッチの点検中に感電

### 業種・被害状況

金属製品製造業，死亡者1名

### 災害発生状況

この災害は，金属製品の製造を行っている会社で発生した。

災害発生当日，鉄骨材の溶接組立てを担当する被災者が，鋼材をホイスト式天井クレーン（つり上げ荷重が2.8 t）でつり上げようとしていたところ，ペンダントスイッチのコードがフックのシーブ（巻上げや巻下げのときワイヤロープの動きに合わせて回転・上下する，溝付きの滑車）に巻きつき，クレーンが動かなくなった。そこで，被災者は，事務所に保管してある別のペンダントスイッチを持ってきて，クレーンガーダー上でコネクタに差し込んで天井クレーンを操作し，鋼材を着地させるとともに，元のペンダントスイッチの巻きつきを解き，取り外し，以後は普段通りに自分の担当作業を行っていた。

ところが，その後またクレーンが動かなくなったため，被災者は，停電しないままドライバーを使用してペンダントスイッチの中を点検しているときに交流214 Vに触れて感電し，死亡した。

被災者が交換用のペンダントスイッチを取りに行った保管場所には，新品の物のほか，修理済みの物も置かれており，持ち出しは自由であった。

被災者はデニム地の作業服，保護帽，ゴム底の安全靴（短靴）という服装であり，使用したドライバーは，軸部の金属全体が露出しているごく一般的なものであった。

なお，被災者は，クレーン運転の特別教育および玉掛け技能講習を修了していたが，低圧電気の取扱いに係る特別教育は受けていなかった。

### 原因と対策

① 被災者は，自分の判断でペンダントスイッチの不具合点検を通電したまま実施したが，充電部分の点検を行うのに，絶縁用保護具（手袋等）を使用しなかった。電気設備等（スイッチ等を含む）の点検・補修作業を行う場合には，停電して行う。やむを得ず充電したままで行う場合には絶縁用保護具等を作業開始前に点検し，使用する。

② クレーンの故障の修理は，検査担当の課長が行うこととなっていたが，電撃危険に関する知識のない被災者が独断で行ったこと。機械設備の修理等で低圧の充電電路の修理等を行う者については，あらかじめ特別教育を実施し，指名された者だけが行うよう明確にしておくとともに，修理作業に関する安全な作業手順等を定め，関係者に周知徹底する。

③ 元々の原因は，ペンダントスイッチのコードがフックのシーブに巻きついて破損したことであった。作業開始前点検や月次の定期自主検査の際にはコントローラーやワイヤロープの状態等を点検・検査することとされているが，巻きつきの不具合を起こす状態が見過ごされていた。クレーンの検査等については，漏れのないようチェックリスト等を用いて行うとともに，不具合部分は直ちに修理する。また，複数のクレーンが設置されている場合，その電源回路が一つであると，故障時の修理等の際にすべてのクレーンを停止せざるを得なくなるので，それぞれ別個の電源回路に変更する。

## 事例13　横転した建柱車と塀の間に挟まれ死亡

### 業種・被害状況

電気通信工事業，死亡者１名

### 災害発生状況

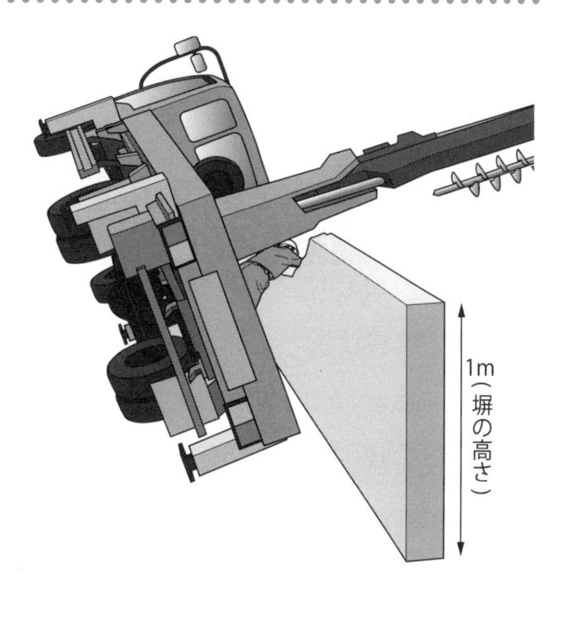


この災害は，電柱の移設工事中に発生した。

この工事は，配電線の移設工事に伴うもので，元請はＸ電気工事，下請はＹ建設で，工事内容は，15 m の電柱（1.6 t）５本を新たに建て，従来の配電線を移設するものであった。

災害発生当日は，下請のＹ建設の班長Ａと作業者Ｂ（被災者）の２

名で作業を行っており，2名はまず，電柱を建柱場所まで運搬し，班長Aが運転する建柱車のアースオーガーを利用して深さ約3mの穴を掘削した。続けて，建柱車のクレーン装置を利用して建込み作業を行うため，電柱をつり上げ，高さ約1mの塀を越すためジブを伸ばしながら旋回を行ったところ，建柱車が横転し，誘導していた被災者が塀と建柱車との間に挟まれ死亡した。

建柱車の仕様は①機体重量2t，②機械総重量6.3t，③車幅1.9m，④車長5.4m，⑤定格荷重（最大）2.9tであったが，⑤のつり上げ荷重は，建柱車の左右のアウトリガーを前後とも張り出した場合の最大のつり上げ荷重で，横転したときの建柱車の作業半径は約4mであり，アウトリガーを張り出していなかった。この場合の定格荷重は，1.0tであり，電柱の重量よりも小さくなっていたところ，班長Aがジブを伸ばしながら旋回を行ったため建柱車が横転したものである。

### 原因と対策

① アウトリガーを張り出さずに建柱車を使用し，定格荷重を超える電柱をつり上げたこと。左右のアウトリガーは前後とも張り出し，定格荷重を守って作業する。

② 作業場所の地形等についてあらかじめ調査を行わず，また，作業計画も作成していなかったこと。建柱車を用いて作業を行う場合は，作業場所の地形等について事前に調査を行い，それに基づく作業計画を策定し，その計画に従って作業を行うこと。

③ 班長Aは，車両系建設機械（整地・運搬・積込み用および掘削用）技能講習，同機械に係る特別教育および移動式クレーンに係る特別教育を修了していなかったこと。また，移動式クレーン運転士免許も所持していなかったこと。建柱車の運転に必要な資格を有する者に運転を行わせるとともに，その者に対する安全教育の徹底を図る。

※ 建柱車は，トラックシャーシーにクレーンの作業装置を，さらにそのジブにアースオーガーを取り付けたものであり，移動式クレーンおよびアースオーガーの機能を有するものであるが，柱の建込み作業を行う場合は，労働安全衛生法上はアースオーガーとして取り扱われることとなっている。

## 事例  フレキシブル管取付け作業中，脚立より墜落し死亡



### 業種・被害状況

鉄骨・鉄筋コンクリート造建築工事業，死亡者1名

### 災害発生状況

本災害は，鉄筋コンクリート造の特別養護老人ホーム建築工事において発生した。4階天井の電気配線の入線部にプラスチックフレキシブル管を脚立に乗って取り付けていたところ，脚立ごと転倒し，この際に，床面より立ち上がっていた給湯管が顔面に刺さり，死

亡したものである。

災害発生当日の作業内容は，当該建物4～6階の電気ボックスの取付けおよび5・6階の入線・結線作業であり，被災者を含む作業者3名がこの作業に従事した。

この作業が終了したあと，被災者ともう1名は，4階各部屋の天井に入線作業をスムーズに行うためのプラスチックフレキシブル管（可とう管）を取り付ける作業を開始した。取付けの方法は，フレキシブル管を34 cmに切断した後，脚立を使用して天井等に設けられた入線箇所に差し込むものである。なお，差し込みに関してはそれほど力のいる作業ではなかった。

それから約3時間後，4階の開放廊下側で作業を行っていたもう1名が「ドーン」という音を聞いたので，被災者に声をかけたところ返事がなかったため，不審に思い，室内に見に行ってみたところ，被災者は，床から立ち上がっていた給湯配管が顔面に刺さった状態でうつ伏せに倒れていた。

なお，使用していた脚立は安衛則第528条（脚立の構造等の規定）に適合するものであった。また，被災者は電気工事に関して9カ月の経験があった。

### 原因と対策

① 床面から配管が立ち上がっている場所で脚立作業を行い，経験が浅い被災者がバランスを崩して脚立ごと転倒したこと。作業場所によっては，脚立作業は補助者と共同して行う。

② 脚立の使用方法等について十分な教育が行われていなかったこと。作業面だけでなく安全面の内容を盛り込み，十分な教育を行う。

③ 作業工程については事前に十分な検討を行い，床面から配管等が立ち上がっている付近では脚立作業が行われないよう作業調整を行うこと。また，工程上，作業調整が困難な場合には，配管立ち上がり部分に覆いをする等安全対策を講じること。

## 事例15　既設配管の移設作業中，仮設配線を踏んだ脚立から感電

### 業種・被害状況

建築設備工事業，休業者2名・不休者2名

### 災害発生状況

この災害は，工場増設に伴う既存配管の移設工事において，発生した。

災害発生当日，作業者2名がアルミ製脚立を用いて，既設配管の移設作業を行っていたところ，脚立の足で仮設配線（200 V）を踏んでしまった。このとき，配線の被覆が損傷し，脚立上の作業者2名が感電したものである。感電した2名が大声を出し，脚立から墜落しそうになったため，これを助けようとした別の作業者2名が駆け寄って脚立に触れた

際にこの2名も感電したものである。

仮設配線は，絶縁被覆が経年劣化しており，養生もされていなかった。また，作業に用いていた脚立は，滑り止めのゴムが損傷した状態であり，このため高所での作業者の動きに反応して容易に移動する状態であった。

なお，本工事において，感電による被災者の救出方法などを定めた緊急時の対応マニュアルは用意されていなかった。

## 原因と対策

① 絶縁被覆が完全ではない仮設配線を使用したこと。仮設配線の絶縁被覆の状況を作業前に点検し，絶縁被覆が損傷している場合には，交換または補修などの措置を講じる。

② 仮設配線を踏まないような養生をしないまま，作業を行ったこと。床を這わせる仮設配線には，これを踏むことがないように覆いをするなど養生をした上で作業を行う。

③ 脚立の滑り止めゴムの損傷した脚立は摩擦抵抗が小さくなっており，作業者の動きに反応して水平移動しやすい状態であったこと。脚立の滑り止めが損傷している場合には速やかに交換または補修を行い，作業中に脚立が容易に動かないようにすることが必要である。なお，脚立は1名で使用する（2名の場合は2台の脚立を1台ずつ使用するか，足場板を渡して脚立足場としたり，可搬式作業台を使用する）。

④ 感電による被災者の救出方法などを定めた緊急時の対応マニュアルが用意されていなかったこと。感電による被災者の救出方法など緊急時の対応マニュアルを整備するとともに，その内容を作業者に周知徹底すること。

# 第5編

# 関係法令

# 第1章 関係法令を学ぶ前に

## (1) 関係法令を学ぶ重要性

法令とは，法律とそれに関係する命令（政令，省令など）の総称である。

労働安全衛生法等は，過去に発生した多くの労働災害の貴重な教訓のうえに成り立っているもので，今後どのようにすればその労働災害が防げるかを具体的に示している。そのため，労働安全衛生法等を理解し，守るということは，単に法令遵守ということだけではなく，労働災害の防止を具体的にどのようにしたらよいかを知るために重要である。

もちろん，特別教育のカリキュラムの時間数では，関係法令すべての内容を詳細に説明することは難しい。また，特別教育の受講者に内容の丸暗記を求めるものではない。まずは関係法令のうちの重要な関係条項について内容を確認し，次に作業手順等，会社や現場でのルールを思い出し，それらが各種の関係法令を踏まえて作られているという関係をしっかり理解することが大切である。関係法令は，慣れるまでは非常に難しいと感じるものかもしれないが，今回の特別教育を良い機会と考え，積極的に学習に取り組んでほしい。

## (2) 関係法令を学ぶ上で知っておくこと

### ア 法律，政令，省令および告示

国が企業や国民にその履行，遵守を強制するものが法律である。しかし，法律の条文だけでは，具体的に何をしなければならないかはよくわからないこともある。法律には，何をしなければならないか，その基本的，根本的なことが書かれ，それが守られないときにはどれだけの処罰を受けるかが明らかにされている。その対象は何か，行うべきことは何かについては，政令や省令（規則）等で具体的に示されていることが多い。

これは，法律にすべてを書くと，その時々の状況や必要に応じて追加や修正を行おうとしたときに時間がかかるため，詳細は比較的容易に改正等が可能な政令や省令に書くこととしているためである。そのため，法律を理解するには，政令，省令（規則）等を含めた関係法令として理解する必要がある。

◆法律…国会が定めるもの。国が企業や国民に履行・遵守を強制するもの。

◆政令…内閣が制定する命令。一般に○○法施行令という名称である。

◆省令…各省の大臣が制定する命令。○○法施行規則，○○省令や○○規則という名称である。

◆告示／公示…一定の事項を法令に基づき広く知らせるためのもの。

### イ　労働安全衛生法，政令および省令

労働安全衛生法については，政令としては「労働安全衛生法施行令」があり，労働安全衛生法の各条に定められた規定の適用範囲，用語の定義などを定めている。また，省令には，「労働安全衛生規則」のようにすべての事業場に適用される事項の詳細等を定めるものと，特定の設備や，特定の業務等（粉じんの取扱い業務など）を行う事業場だけに適用される「特別則」がある。労働安全衛生法と関係法令のうち，労働安全衛生にかかわる法令の関係を示すと**図5-1**のようになる。また，労働安全衛生法に係る行政機関は，**図5-2**の労働基準監督機関である。

### ウ　通達，解釈例規

通達は，法令の適正な運用のために，行政内部で発出される文書のことをいう。これには2つの種類がある。ひとつは，解釈例規といわれるもので，行政として所管する法令の具体的判断や取扱基準を示すものである。もうひとつは，法令の施行の際の留意点や考え方等を示したものである。通達は，番号（基発○○○○第○○号など）と年月日で区別される。

特別教育では，受講者に通達レベルまでの理解を求めるものではないが，法令・通達まで突き詰めて調べていけば，現場での作業で問題となる細かな事項まで触れられていることが多いと言ってよい。これら労働災害防止のための膨大な情報の上に，会社や現場のルールや作業のマニュアル等が作られていることをしっかり理解してほしい。

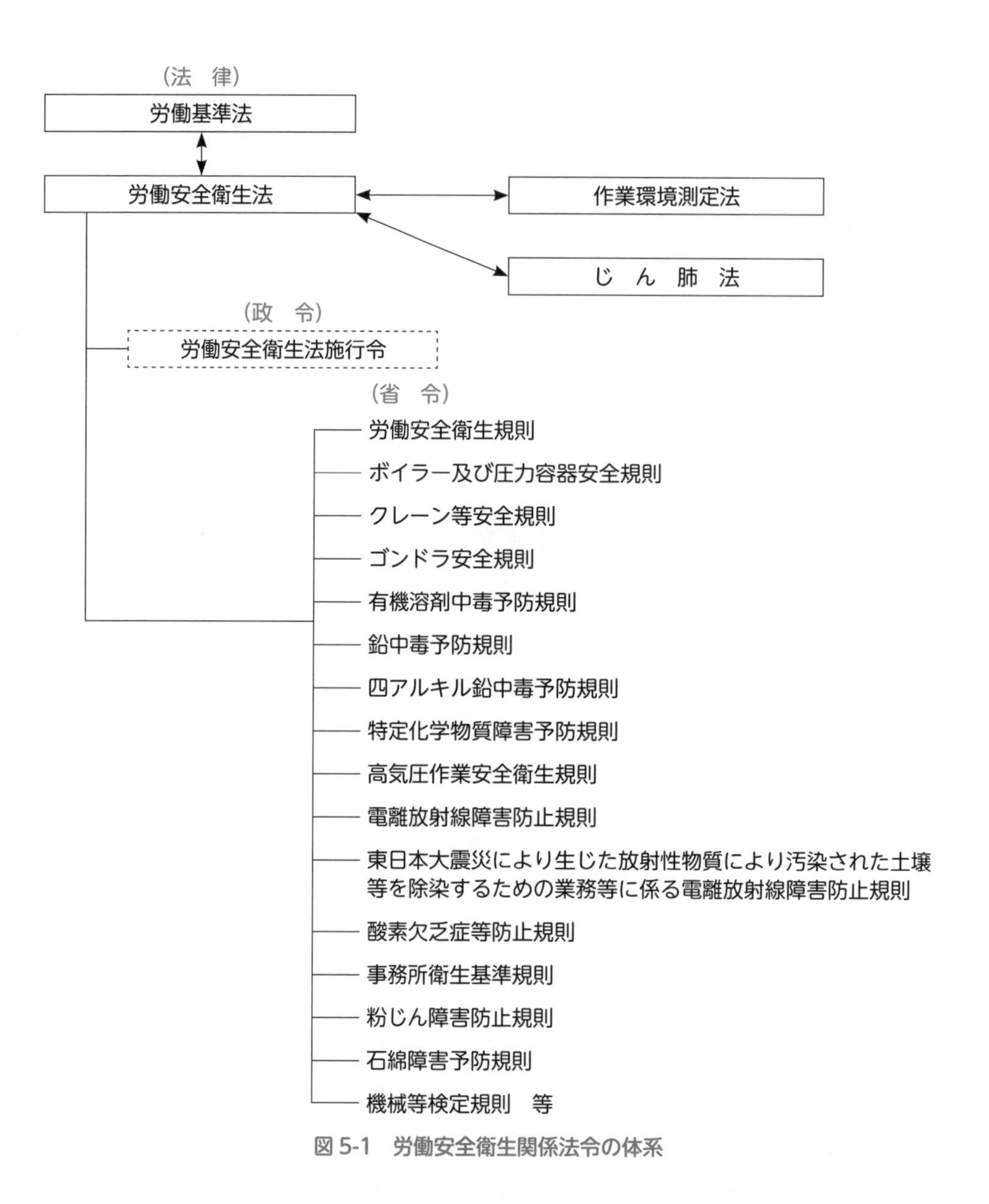


図 5-1　労働安全衛生関係法令の体系

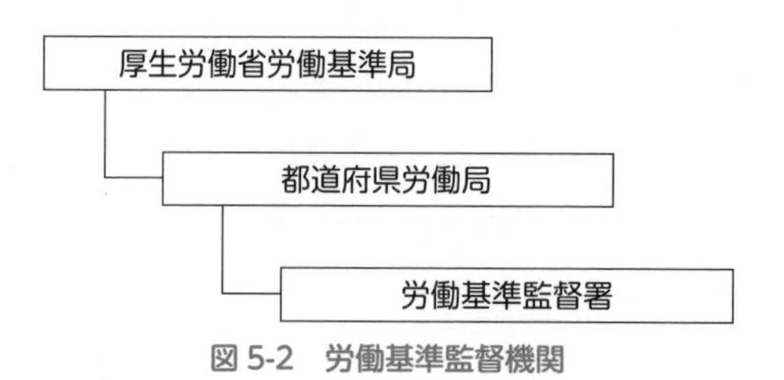


図 5-2　労働基準監督機関

# 第2章 労働安全衛生法のあらまし

昭和47年6月8日法律第57号

最終改正：令和元年6月14日法律第37号

## (1) 総則 (第1条～第5条)

労働安全衛生法 (安衛法) の目的，法律に出てくる用語の定義，事業者の責務，労働者の協力，事業者に関する規定の適用について定めている。

(目的)
第1条　この法律は，労働基準法 (昭和22年法律第49号) と相まつて，労働災害の防止のための危害防止基準の確立，責任体制の明確化及び自主的活動の促進の措置を講ずる等その防止に関する総合的計画的な対策を推進することにより職場における労働者の安全と健康を確保するとともに，快適な職場環境の形成を促進することを目的とする。

安衛法は，昭和47年に従来の労働基準法 (労基法) の第5章，すなわち労働条件のひとつである「安全及び衛生」を分離独立させて制定されたものである。第1条は，労基法の賃金，労働時間，休日などの一般的労働条件が労働災害と密接な関係があるため，安衛法と労基法は一体的な運用が図られる必要があることを明確にしながら，本法の目的を宣言したものである。

【労働基準法】

第42条　労働者の安全及び衛生に関しては，労働安全衛生法 (昭和47年法律第57号) の定めるところによる。

(定義)
第2条　この法律において，次の各号に掲げる用語の意義は，それぞれ当該各号に定めるところによる。
1　労働災害　労働者の就業に係る建設物，設備，原材料，ガス，蒸気，粉じん等により，又は作業行動その他業務に起因して，労働者が負傷し，疾病にかかり，又は死亡することをいう。
2　労働者　労働基準法第9条に規定する労働者（同居の親族のみを使用する事業又は事務所に使用される者及び家事使用人を除く。）をいう。
3　事業者　事業を行う者で，労働者を使用するものをいう。
3の2～4　略

安衛法の「労働者」の定義は，労基法と同じである。すなわち，職業の種類を問わず，事業または事務所に使用されるもので，賃金を支払われる者である。

労基法は「使用者」を「事業主又は事業の経営担当者その他その事業の労働者に関する事項について，事業主のために行為をするすべての者をいう。」（第10条）と定義しているのに対し，安衛法の「事業者」は，「事業を行う者で，労働者を使用するものをいう。」とし，労働災害防止に関する企業経営者の責務をより明確にしている。

（事業者等の責務）
**第3条**　事業者は，単にこの法律で定める労働災害の防止のための最低基準を守るだけでなく，快適な職場環境の実現と労働条件の改善を通じて職場における労働者の安全と健康を確保するようにしなければならない。また，事業者は，国が実施する労働災害の防止に関する施策に協力するようにしなければならない。
②　機械，器具その他の設備を設計し，製造し，若しくは輸入する者，原材料を製造し，若しくは輸入する者又は建設物を建設し，若しくは設計する者は，これらの物の設計，製造，輸入又は建設に際して，これらの物が使用されることによる労働災害の発生の防止に資するように努めなければならない。
③　建設工事の注文者等仕事を他人に請け負わせる者は，施工方法，工期等について，安全で衛生的な作業の遂行をそこなうおそれのある条件を附さないように配慮しなければならない。

第1項は，第2条で定義された「事業者」，すなわち「事業を行う者で，労働者を使用するもの」の責務として，法定の最低基準を遵守するだけでなく，積極的に労働者の安全と健康を確保する施策を講ずべきことを規定し，第2項は，機械，器具，設備を設計，製造，輸入する者，建設物を建設，設計する者などについて，それらを使用することによる労働災害防止の努力義務を課している。さらに第3項は，建設工事の注文者などに施工方法や工期等で安全や衛生に配慮した条件で発注することを求めたものである。

> 第４条　労働者は，労働災害を防止するため必要な事項を守るほか，事業者その他の関係者が実施する労働災害の防止に関する措置に協力するように努めなければならない。

第４条では，当然のことだが，労働者もそれぞれの立場で，労働災害の発生の防止のために必要な事項を守るほか，作業主任者等の指揮に従う，保護具の使用を命じられた場合には使用するなど，事業者が実施する措置に協力するよう努めなければならないことを定めている。

### (2) 労働災害防止計画（第６条～第９条）

労働災害の防止に関する総合的な対策を図るために，厚生労働大臣が策定する「労働災害防止計画」の策定等について定めている。

### (3) 安全衛生管理体制（第10条～第19条の３）

労働災害防止のための責任体制の明確化および自主的活動の促進のための管理体制として，①総括安全衛生管理者，②安全管理者，③衛生管理者（衛生工学衛生管理者を含む），④安全衛生推進者（衛生推進者を含む），⑤産業医，⑥作業主任者，があり，安全衛生に関する調査審議機関として，安全委員会および衛生委員会ならびに安全衛生委員会がある。

また，建設業などの下請け混在作業関係の管理体制として，①特定元方事業者，②統括安全衛生責任者，③安全衛生責任者などについて定めている。

### (4) 労働者の危険または健康障害を防止するための措置（第20条～第36条）

労働災害防止の基礎となる，いわゆる危害防止基準を定めたもので，①事業者の講ずべき措置，②厚生労働大臣による技術上の指針の公表，③元方事業者の講ずべき措置，④注文者の講ずべき措置，⑤機械等貸与者等の講ずべき措置，⑥建築物貸与者の講ずべき措置，⑦重量物の重量表示などが定められている。

### ア　事業者の講ずべき措置等

（事業者の講ずべき措置等）
第20条　事業者は，次の危険を防止するため必要な措置を講じなければならない。
1　機械，器具その他の設備（以下「機械等」という。）による危険
2　爆発性の物，発火性の物，引火性の物等による危険
3　電気，熱その他のエネルギーによる危険
第21条　事業者は，掘削，採石，荷役，伐木等の業務における作業方法から生ずる危険を防止するため必要な措置を講じなければならない。
②　事業者は，労働者が墜落するおそれのある場所，土砂等が崩壊するおそれのある場所等に係る危険を防止するため必要な措置を講じなければならない。
第22条　事業者は，次の健康障害を防止するため必要な措置を講じなければならない。
1　原材料，ガス，蒸気，粉じん，酸素欠乏空気，病原体等による健康障害
2　放射線，高温，低温，超音波，騒音，振動，異常気圧等による健康障害
3　計器監視，精密工作等の作業による健康障害
4　排気，排液又は残さい物による健康障害
第23条　事業者は，労働者を就業させる建設物その他の作業場について，通路，床面，階段等の保全並びに換気，採光，照明，保温，防湿，休養，避難及び清潔に必要な措置その他労働者の健康，風紀及び生命の保持のため必要な措置を講じなければならない。
第24条　事業者は，労働者の作業行動から生ずる労働災害を防止するため必要な措置を講じなければならない。
第25条　事業者は，労働災害発生の急迫した危険があるときは，直ちに作業を中止し，労働者を作業場から退避させる等必要な措置を講じなければならない。
第26条　労働者は，事業者が第20条から第25条まで及び前条第1項の規定に基づき講ずる措置に応じて，必要な事項を守らなければならない。

労働災害を防止するための一般的規制として，事業者の講ずべき措置が定められている。

### イ　事業者の行うべき調査等（リスクアセスメント）

（事業者の行うべき調査等）
第28条の2　事業者は，厚生労働省令で定めるところにより，建設物，設備，原材料，ガス，蒸気，粉じん等による，又は作業行動その他業務に起因する危険性又は有害性等（第57条第1項の政令で定める物及び第57条の2第1項に規定する通知対象物による危険性又は有害性等を除く。）を調査し，その結果に基づいて，この法律又はこれに基づく命令の規定による措置を講ずるほか，労働者の危険又は

健康障害を防止するため必要な措置を講ずるように努めなければならない。ただし，当該調査のうち，化学物質，化学物質を含有する製剤その他の物で労働者の危険又は健康障害を生ずるおそれのあるものに係るもの以外のものについては，製造業その他厚生労働省令で定める業種に属する事業者に限る。
② 厚生労働大臣は，前条第1項及び第3項に定めるもののほか，前項の措置に関して，その適切かつ有効な実施を図るため必要な指針を公表するものとする。
③ 厚生労働大臣は，前項の指針に従い，事業者又はその団体に対し，必要な指導，援助等を行うことができる。

事業者は，建設物，設備，原材料，ガス，蒸気，粉じん等による，または作業行動その他業務に起因する危険性または有害性等を調査し，その結果に基づいて，法令上の措置を講ずるほか，労働者の危険または健康障害を防止するため必要な措置を講ずるように努めなければならない。

第28条の2に定められた危険性または有害性の調査（リスクアセスメント）を実施し，その結果に基づいて労働者への危険または健康障害を防止するための必要な措置を講ずることは，安全衛生管理を進める上で今日的な重要事項となっている。



## (5) 機械等ならびに危険物および有害物に関する規制（第37条～第58条）

### ア　譲渡等の制限

（譲渡等の制限等）
**第42条**　特定機械等以外の機械等で，別表第2に掲げるものその他危険若しくは有害な作業を必要とするもの，危険な場所において使用するもの又は危険若しくは健康障害を防止するため使用するもののうち，政令で定めるものは，厚生労働大臣が定める規格又は安全装置を具備しなければ，譲渡し，貸与し，又は設置してはならない。

**別表第2**（第42条関係）
1～5　略
6　防爆構造電気機械器具
7～11　略
12　交流アーク溶接機用自動電撃防止装置
13　絶縁用保護具
14　絶縁用防具
15　保護帽
16　略

危険な機械，器具その他の設備による労働災害を防止するためには，製造，流通段階において一定の基準により規制することが重要である。そこで，安衛法では，機械等のうち危険または有害な作業を必要とするもの，危険な場所において使用するもの，危険または健康障害を防止するため使用するもののうち一定のものは，厚生労働大臣の定める規格または安全装置を具備しなければ譲渡し，貸与し，または設置してはならないこととしている。

### イ　型式検定等

（型式検定）
第44条の2　第42条の機械等のうち，別表第4に掲げる機械等で政令で定めるものを製造し，又は輸入した者は，厚生労働省令で定めるところにより，厚生労働大臣の登録を受けた者（以下「登録型式検定機関」という。）が行う当該機械等の型式についての検定を受けなければならない。ただし，当該機械等のうち輸入された機械等で，その型式について次項の検定が行われた機械等に該当するものは，この限りでない。
②～⑦　略
別表第4（第44条の2関係）
1～2　略
3　防爆構造電気機械器具
4～8　略
9　交流アーク溶接機用自動電撃防止装置
10　絶縁用保護具
11　絶縁用防具
12　保護帽
13　略

上記アの機械等のうち，さらに一定のものについては個別検定または型式検定を受けなければならないこととされている。

### ウ　定期自主検査

（定期自主検査）
第45条　事業者は，ボイラーその他の機械等で，政令で定めるものについて，厚生労働省令で定めるところにより，定期に自主検査を行ない，及びその結果を記録しておかなければならない。
②　事業者は，前項の機械等で政令で定めるものについて同項の規定による自主検

査のうち厚生労働省令で定める自主検査（以下「特定自主検査」という。）を行うときは，その使用する労働者で厚生労働省令で定める資格を有するもの又は第54条の3第1項に規定する登録を受け，他人の求めに応じて当該機械等について特定自主検査を行う者（以下「検査業者」という。）に実施させなければならない。

③　厚生労働大臣は，第1項の規定による自主検査の適切かつ有効な実施を図るため必要な自主検査指針を公表するものとする。

④　厚生労働大臣は，前項の自主検査指針を公表した場合において必要があると認めるときは，事業者若しくは検査業者又はこれらの団体に対し，当該自主検査指針に関し必要な指導等を行うことができる。

一定の機械等について，使用開始後一定の期間ごとに定期的に，所定の機能を維持していることを確認するために検査を行わなければならないこととされている。



## (6) 労働者の就業にあたっての措置（第59条～第63条）

（安全衛生教育）

第59条　事業者は，労働者を雇い入れたときは，当該労働者に対し，厚生労働省令で定めるところにより，その従事する業務に関する安全又は衛生のための教育を行なわなければならない。

②　前項の規定は，労働者の作業内容を変更したときについて準用する。

③　事業者は，危険又は有害な業務で，厚生労働省令で定めるものに労働者をつかせるときは，厚生労働省令で定めるところにより，当該業務に関する安全又は衛生のための特別の教育を行なわなければならない。

第60条　事業者は，その事業場の業種が政令で定めるものに該当するときは，新たに職務につくこととなつた職長その他の作業中の労働者を直接指導又は監督する者（作業主任者を除く。）に対し，次の事項について，厚生労働省令で定めるところにより，安全又は衛生のための教育を行なわなければならない。

1　作業方法の決定及び労働者の配置に関すること。

2　労働者に対する指導又は監督の方法に関すること。

3　前二号に掲げるもののほか，労働災害を防止するため必要な事項で，厚生労働省令で定めるもの

第60条の2　事業者は，前二条に定めるもののほか，その事業場における安全衛生の水準の向上を図るため，危険又は有害な業務に現に就いている者に対し，その従事する業務に関する安全又は衛生のための教育を行うように努めなければならない。

②　厚生労働大臣は，前項の教育の適切かつ有効な実施を図るため必要な指針を公表するものとする。

③　厚生労働大臣は，前項の指針に従い，事業者又はその団体に対し，必要な指導等を行うことができる。

労働災害を防止するためには，作業に就く労働者に対する安全衛生教育の徹底等もきわめて重要なことである。このような観点から安衛法では，新規雇入れ時のほか，作業内容変更時においても安全衛生教育を行うべきことを定め，また，危険有害業務に従事する者に対する安全衛生特別教育や，職長その他の現場監督者に対する安全衛生教育についても規定している。

### (7) 健康の保持増進のための措置 (第65条〜第71条)

労働者の健康の保持増進のため，作業環境測定や健康診断，面接指導，ストレスチェック等の実施について定めている。

### (8) 快適な職場環境の形成のための措置 (第71条の2〜第71条の4)

労働者がその生活時間の多くを過ごす職場について，疲労やストレスを感じることが少ない快適な職場環境を形成する必要がある。安衛法では，事業者が講ずる措置について規定するとともに，国が快適な職場環境の形成のための指針を公表することを定めている。

### (9) 免許等 (第72条〜第77条)

（免許）
**第72条**　第12条第1項，第14条又は第61条第1項の免許（以下「免許」という。）は，第75条第1項の免許試験に合格した者その他厚生労働省令で定める資格を有する者に対し，免許証を交付して行う。
②〜④　略
（技能講習）
**第76条**　第14条又は第61条第1項の技能講習（以下「技能講習」という。）は，別表第18〈編注：略〉に掲げる区分ごとに，学科講習又は実技講習によつて行う。
②　技能講習を行なつた者は，当該技能講習を修了した者に対し，厚生労働省令で定めるところにより，技能講習修了証を交付しなければならない。
③　略

危険・有害業務であり労働災害を防止するために管理を必要とする作業について，選任を義務付けられている作業主任者や特殊な業務に就く者に必要とされる資格，技能講習，試験等についての規定がなされている。

### (10) 事業場の安全または衛生に関する改善措置等 (第78条～第87条)

一定期間内に重大な労働災害を複数の事業場で繰返し発生させた企業に対し，厚生労働大臣が特別安全衛生改善計画の策定を指示し，この指示に従わない場合や計画を実施しない場合には勧告や企業名の公表をすることとなっている。

また，労働災害の防止を図るため，総合的な改善措置を講ずる必要がある事業場については，都道府県労働局長が安全衛生改善計画の作成を指示し，その自主的活動によって安全衛生状態の改善を進めることが制度化されている。



### (11) 監督等，雑則および罰則 (第88条～第123条)

事業者等が，危害防止基準等の定められた講ずべき措置を怠るなど，法に違反している場合には，国は作業停止，建設物等の使用停止等を命じることができることが定められている。

また，安衛法は，その厳正な運用を担保するため，違反に対する罰則についての規定を置いている。安衛法は，事業者責任主義を採用し，その第122条で両罰規定を設けており，各条が定めた措置義務者（事業者等）の違反について，違反の実行行為者（法人の代表者や使用人その他の従事者）と法人等の両方が罰せられることとなる（法人等に対しては罰金刑）。なお，安衛法第20条から第25条に規定される事業者の講じた危害防止措置または救護措置等に関し，第26条により労働者は遵守義務を負い，これに違反した場合も罰金刑が科せられる。

# 第3章 労働安全衛生法施行令(抄)

昭和47年8月19日政令第318号
最終改正：令和2年12月2日政令第340号

(厚生労働大臣が定める規格又は安全装置を具備すべき機械等)

第13条　①・②　略

③　法第42条の政令で定める機械等は，次に掲げる機械等(本邦の地域内で使用されないことが明らかな場合を除く。)とする。

1～4　略

5　活線作業用装置(その電圧が，直流にあつては750ボルトを，交流にあつては600ボルトを超える充電電路について用いられるものに限る。)

6　活線作業用器具(その電圧が，直流にあつては750ボルトを，交流にあつては300ボルトを超える充電電路について用いられるものに限る。)

7　絶縁用防護具(対地電圧が50ボルトを超える充電電路に用いられるものに限る。)

8～27　略

28　墜落制止用器具

29～33　略

34　作業床の高さが2メートル以上の高所作業車

④　略

⑤　次の表の上欄〈編注：左欄〉に掲げる機械等には，それぞれ同表の下欄〈編注：右欄〉に掲げる機械等を含まないものとする。

| (略) | (略) |
|---|---|
| 法別表第2第6号に掲げる防爆構造電気機械器具 | 船舶安全法の適用を受ける船舶に用いられる防爆構造電気機械器具 |
| (略) | (略) |
| 法別表第2第13号に掲げる絶縁用保護具 | その電圧が，直流にあつては750ボルト，交流にあつては300ボルト以下の充電電路について用いられる絶縁用保護具 |
| 法別表第2第14号に掲げる絶縁用防具 | その電圧が，直流にあつては750ボルト，交流にあつては300ボルト以下の充電電路に用いられる絶縁用防具 |
| 法別表第2第15号に掲げる保護帽 | 物体の飛来若しくは落下又は墜落による危険を防止するためのもの以外の保護帽 |

【解　説】

⑴　第３項第５号の「活線作業用装置」とは，活線作業用車，活線作業用絶縁台等のように，対地絶縁を施した絶縁かご，絶縁台等を有するものをいうこと。

⑵　第３項第６号の「活線作業用器具」とは，ホットステックのように，その使用の際に手で持つ部分が絶縁材料で作られた棒状の絶縁工具をいうこと。

⑶　第３項第７号の「絶縁用防護具」とは，建設用防護管，建設用防護シート等のように，建設工事（電気工事を除く。）等を充電電路に近接して行うときに，電路に取り付ける感電防止のための装具で，7,000ボルト以下の充電電路に用いるものをいうこと。

（昭和47年９月18日基発第602号）

⑷　「高所作業車」とは，高所における工事，点検，補修等の作業に使用される機械であって作業床（各種の作業を行うために設けられた人が乗ることを予定した「床」をいう。）及び昇降装置その他の装置により構成され，当該作業床が昇降装置その他の装置により上昇，下降等をする設備を有する機械のうち，動力を用い，かつ，不特定の場所に自走することができるものをいうものであること。

なお，消防機関が消防活動に使用するはしご自動車，屈折はしご自動車等の消防車は高所作業車に含まないものであること。

（平成２年９月26日基発第583号）



（型式検定を受けるべき機械等）

第14条の２　法第44条の２第１項の政令で定める機械等は，次に掲げる機械等（本邦の地域内で使用されないことが明らかな場合を除く。）とする。

1，2　略

3　防爆構造電気機械器具（船舶安全法の適用を受ける船舶に用いられるものを除く。）

4～8　略

9　交流アーク溶接機用自動電撃防止装置

10　絶縁用保護具（その電圧が，直流にあつては750ボルトを，交流にあつては300ボルトを超える充電電路について用いられるものに限る。）

11　絶縁用防具（その電圧が，直流にあつては750ボルトを，交流にあつては300ボルトを超える充電電路に用いられるものに限る。）

12　保護帽（物体の飛来若しくは落下又は墜落による危険を防止するためのものに限る。）

13　略

【解　説】

⑴　第14条の２第９号の「交流アーク溶接機用自動電撃防止装置」とは，交流アーク溶接機のアークの発生を中断させたとき，短時間内に，当該交流アーク溶接機の出力側の無負荷電圧を自動的に30ボルト以下に切り替えることができる電気的な安全装置をいうこと。

⑵　第14条の２第10号の「絶縁用保護具」とは，電気用ゴム手袋，電気用安全帽等のように，充電電路の取扱いその他電気工事の作業を行なうときに，作業者の身体に着用する感電防止のための保護具で，7,000ボルト以下の充電電路について用いるものをいうこと。

⑶　第14条の２第11号の「絶縁用防具」とは，電気用絶縁管，電気用絶縁シート等のように，充電電路の取扱いその他電気工事の作業を行なうときに，電路に取り付ける感電防止のための装具で，7,000ボルト以下の充電電路に用いるものをいうこと。

（昭和47年９月18日基発第602号）

（定期に自主検査を行うべき機械等）

**第15条**　法第45条第1項の政令で定める機械等は，次のとおりとする。

1　第12条第1項各号に掲げる機械等，第13条第3項第5号，第6号，第8号，第9号，第14号から第19号まで及び第30号から第34号までに掲げる機械等，第14条第2号から第4号までに掲げる機械等並びに前条第10号及び第11号に掲げる機械等

2～11　略

②　法第45条第2項の政令で定める機械等は，第13条第3項第8号，第9号，第33号及び第34号に掲げる機械等並びに前項第2号に掲げる機械等とする。

（職長等の教育を行うべき業種）

**第19条**　法第60条の政令で定める業種は，次のとおりとする。

1　建設業

2　製造業。ただし，次に掲げるものを除く。

イ　食料品・たばこ製造業（うま味調味料製造業及び動植物油脂製造業を除く。）

ロ　繊維工業（紡績業及び染色整理業を除く。）

ハ　衣服その他の繊維製品製造業

ニ　紙加工品製造業（セロファン製造業を除く。）

ホ　新聞業，出版業，製本業及び印刷物加工業

3　電気業

4　ガス業

5　自動車整備業

6　機械修理業

# 第4章 労働安全衛生規則（抄）

昭和47年9月30日労働省令第32号
最終改正：令和3年3月22日厚生労働省令第53号

## 第1編　通則

### 第3章　機械等並びに危険物及び有害物に関する規制

#### 第1節　機械等に関する規制

（規格に適合した機械等の使用）

第27条　事業者は，法別表第2に掲げる機械等及び令第13条第3項各号に掲げる機械等については，法第42条の厚生労働大臣が定める規格又は安全装置を具備したものでなければ，使用してはならない。

### 第4章　安全衛生教育

（雇入れ時等の教育）

第35条　事業者は，労働者を雇い入れ，又は労働者の作業内容を変更したときは，当該労働者に対し，遅滞なく，次の事項のうち当該労働者が従事する業務に関する安全又は衛生のため必要な事項について，教育を行なわなければならない。ただし，令第2条第3号に掲げる業種の事業場の労働者については，第1号から第4号までの事項についての教育を省略することができる。

1　機械等，原材料等の危険性又は有害性及びこれらの取扱い方法に関すること。
2　安全装置，有害物抑制装置又は保護具の性能及びこれらの取扱い方法に関すること。
3　作業手順に関すること。
4　作業開始時の点検に関すること。
5　当該業務に関して発生するおそれのある疾病の原因及び予防に関すること。
6　整理，整頓（とん）及び清潔の保持に関すること。
7　事故時等における応急措置及び退避に関すること。
8　前各号に掲げるもののほか，当該業務に関する安全又は衛生のために必要な事項

②　事業者は，前項各号に掲げる事項の全部又は一部に関し十分な知識及び技能を有していると認められる労働者については，当該事項についての教育を省略することができる。

【解　説】

(1)　第1項の教育は，当該労働者が従事する業務に関する安全又は衛生を確保するために必要な内容および時間をもつて行なうものとすること。
(2)　第1項第2号中「有害物抑制装置」とは，局所排気装置，除じん装置，排ガス処理装置のごとく有害物を除去し，又は抑制する装置をいう趣旨であること。
(3)　第1項第3号の事項は，現場に配属後，作業見習の過程において教えることを原則とするものであること。
(4)　第2項は，職業訓練を受けた者等教育すべき事項について十分な知識及び技能を有していると認められる労働者に対し，教育事項の全部又は一部の省略を認める趣旨であること。

(昭和47年9月18日基発第601号の1)

（特別教育を必要とする業務）

第36条　法第59条第3項の厚生労働省令で定める危険又は有害な業務は，次のとおりとする。

1～3　略

4　高圧（直流にあつては750ボルトを，交流にあつては600ボルトを超え，7,000ボルト以下である電圧をいう。以下同じ。）若しくは特別高圧（7,000ボルトを超える電圧をいう。以下同じ。）の充電電路若しくは当該充電電路の支持物の敷設，点検，修理若しくは操作の業務，低圧（直流にあつては750ボルト以下，交流にあつては600ボルト以下である電圧をいう。以下同じ。）の充電電路（対地電圧が50ボルト以下であるもの及び電信用のもの，電話用のもの等で感電による危害を生ずるおそれのないものを除く。）の敷設若しくは修理の業務（次号に掲げる業務を除く。）又は配電盤室，変電室等区画された場所に設置する低圧の電路（対地電圧が50ボルト以下であるもの及び電信用のもの，電話用のもの等で感電による危害の生ずるおそれのないものを除く。）のうち充電部分が露出している開閉器の操作の業務

4の2　対地電圧が50ボルトを超える低圧の蓄電池を内蔵する自動車の整備の業務

5～10の4　略

10の5　作業床の高さ（令第10条第4号の作業床の高さをいう。）が10メートル未満の高所作業車（令第10条第4号の高所作業車をいう。以下同じ。）の運転（道路上を走行させる運転を除く。）の業務

11～40　略

41　高さが2メートル以上の箇所であつて作業床を設けることが困難なところにおいて，墜落制止用器具（令第13条第3項第28号の墜落制止用器具をいう。第130条の5第1項において同じ。）のうちフルハーネス型のものを用いて行う作業に係る業務（前号に掲げる業務を除く。）

（特別教育の科目の省略）

第37条　事業者は，法第59条第3項の特別の教育（以下「特別教育」という。）の科目の全部又は一部について十分な知識及び技能を有していると認められる労働者については，当該科目についての特別教育を省略することができる。

（特別教育の記録の保存）

第38条　事業者は，特別教育を行なつたときは，当該特別教育の受講者，科目等の記録

を作成して，これを3年間保存しておかなければならない。

（特別教育の細目）

第39条　前二条及び第592条の7に定めるもののほか，第36条第1号から第13号まで，第27号，第30号から第36号まで及び第39号から第41号に掲げる業務に係る特別教育の実施について必要な事項は，厚生労働大臣が定める。

# 第2編　安全基準

## 第2章　建設機械等

### 第2節　くい打機，くい抜機及びボーリングマシン

（ガス導管等の損壊の防止）

第194条　事業者は，くい打機又はボーリングマシンを使用して作業を行う場合において，ガス導管，地中電線路その他地下に存する工作物（以下この条において「ガス導管等」という。）の損壊により労働者に危険を及ぼすおそれのあるときは，あらかじめ，作業箇所について，ガス導管等の有無及び状態を当該ガス導管等を管理する者に確かめる等の方法により調査し，これらの事項について知り得たところに適応する措置を講じなければならない。

【解　説】

「当該ガス導管等を管理する者に確かめる等」の「等」には，当該ガス導管等の配置図により調べること，試し掘りを行なうこと等があること。（昭和46年4月15日基発第309号）

（作業指揮者）

第194条の10　事業者は，高所作業車を用いて作業を行うときは，当該作業の指揮者を定め，その者に前条第1項〈編注：略〉の作業計画に基づき作業の指揮を行わせなければならない。

（要求性能墜落制止用器具等の使用）

第194条の22　事業者は，高所作業車（作業床が接地面に対し垂直にのみ上昇し，又は下降する構造のものを除く。）を用いて作業を行うときは，当該高所作業車の作業床上の労働者に要求性能墜落制止用器具等を使用させなければならない。

②　前項の労働者は，要求性能墜落制止用器具等を使用しなければならない。

【解　説】

「要求性能墜落制止用器具」＝墜落による危険のおそれに応じた性能を有する墜落制止用器具。
「要求性能墜落制止用器具等」＝要求性能墜落制止用器具その他の命綱。以下同じ。

## 第5章　電気による危険の防止

### 第1節　電気機械器具

（電気機械器具の囲い等）

第329条　事業者は，電気機械器具の充電部分（電熱器の発熱体の部分，抵抗溶接機の電極の部分等電気機械器具の使用の目的により露出することがやむを得ない充電部分を除く。）で，労働者が作業中又は通行の際に，接触（導電体を介する接触を含む。以下この章において同じ。）し，又は接近することにより感電の危険を生ずるおそれのあるものについては，感電を防止するための囲い又は絶縁覆（おお）いを設けなければならない。ただし，配電盤室，変電室等区画された場所で，事業者が第36条第4号の業務に就いている者（以下「電気取扱者」という。）以外の者の立入りを禁止したところに設置し，又は電柱上，塔上等隔離された場所で，電気取扱者以外の者が接近するおそれのないところに設置する電気機械器具については，この限りでない。

【解　説】

(1)「導電体を介する接触」とは，金属製工具，金属材料等の導電体を取り扱っている際に，これらの導電体が露出充電部分に接触することをいうこと。

(2)「接近することにより感電の危険を生ずる」とは，高圧又は特別高圧の充電電路に接近した場合に，接近アーク又は誘導電流により，感電の危害を生ずることをいうこと。

(3)「絶縁覆いを設け」とは，当該露出充電部分と絶縁されている金属製箱に当該露出充電部分を収めること，ゴム，ビニール，ベークライト等の絶縁材料を用いて当該露出充電部分を被覆すること等をいうこと。

(4)「電柱上，塔上等隔離された場所で，電気取扱者以外の者が接近するおそれのないところに設置する電気機械器具」には，配電用の電柱または鉄塔の上に施設された低圧側ケッチヒューズ等が含まれること。

（昭和35年11月22日基発第990号）

(5)〔電気機械器具〕

電動機，変圧器，コード接続器，開閉器，分電盤，配電盤等電気を通ずる機械，器具その他の設備のうち配線及び移動電線以外のものをいう。以下同じ。　（第280条第1項より引用）

（手持型電灯等のガード）

第330条　事業者は，移動電線に接続する手持型の電灯，仮設の配線又は移動電線に接続する架空つり下げ電灯等には，口金に接触することによる感電の危険及び電球の破損による危険を防止するため，ガードを取り付けなければならない。

②　事業者は，前項のガードについては，次に定めるところに適合するものとしなければならない。

1　電球の口金の露出部分に容易に手が触れない構造のものとすること。

2　材料は，容易に破損又は変形をしないものとすること。

【解　説】

(1)「手持型の電燈」とは，ハンドランプのほか，普通の白熱灯であって手に持って使用するものをいい，電池式又は発電式の携帯電燈は含まないこと。

(2)「電球の破損による危険」とは，電球が破損した場合に，そのフィラメント又は導入線に接触することによる感電の危害及び電球のガラスの破片による危害をいうこと。

（昭和35年11月22日基発第990号）

(3) 第1項の「仮設の配線」とは，第338条の解説(1)に示すものと同じものであること。

(4) 第1項の「架空つり下げ電燈」とは，屋外または屋内において，コードペンダント等の正規工事によらないつり下げ電燈や電飾方式による電燈（建設工事等において仮設の配線に多数の防水ソケットを連ね電球をつり下げて点灯する方式のもので，通称タコづり，鈴らん燈，ちょうちんづり等ともいう。）をいうものであること。
なお，移動させないで使用するもの又は作業箇所から離れて使用するものであって，作業中に接触又は破損のおそれが全くないものについては，この規定は適用されないものであること。
(5) 第1項の「架空つり下げ電燈等」の「等」には，反射型投光電球を使用した電燈が含まれるものであること。
(6) 第2項第1号の「電球の口金の露出部分に容易に手が触れない構造」とは，ガードの根元部分が当該露出部分を覆うことができ，かつ，ガードと電球の間から指が電球の口金部分に入り難い構造をいうものであること。
なお，ソケットが，カバー，ホルダ等に覆われているとき又は防水ソケットのように電球の口金の露出しないときは，この規定は，適用されないものであること。
(7) 第2項第2号の「容易に破損又は変形をしない材料」とは，堅固な金属のほか，耐熱性が良好なプラスティックであって使用中に外力又は熱により破損し又は変形をし難いものを含むものであること。
(8) 〔接地側電線の接続措置〕
第1項に規定する措置のほか，ソケットの受金側（電球の口金側）に接続されるソケット内部端子には接地側電線を接続することが望ましいこと。（昭和44年2月5日基発第59号）

〈編注：第331条（溶接棒等のホルダー）略〉

（交流アーク溶接機用自動電撃防止装置）

**第332条** 事業者は，船舶の二重底若しくはピークタンクの内部，ボイラーの胴若しくはドームの内部等導電体に囲まれた場所で著しく狭あいなところ又は墜落により労働者に危険を及ぼすおそれのある高さが2メートル以上の場所で鉄骨等導電性の高い接地物に労働者が接触するおそれがあるところにおいて，交流アーク溶接等（自動溶接を除く。）の作業を行うときは，交流アーク溶接機用自動電撃防止装置を使用しなければならない。

【解　説】

(1) 「著しく狭あいなところ」とは，動作に際し，身体の部分が通常周囲（足もとの部分を除く。）の導電体に接触するおそれがある程度に狭あいな場所をいうこと。
（昭和35年11月22日基発第990号）
(2) 「自動溶接」とは，溶接棒の送給及び溶接棒の運棒又は被溶接材の運進を自動的に行うものをいい，これらの一部のみを自動的に行うもの又はグラビティ溶接はこれに含まれないものであること。
(3) 「墜落により労働者に危険を及ぼすおそれのある高さが2メートル以上の場所」とは，高さが2メートル以上の箇所で安全に作業する床がなく，第518条，第519条の規定による足場，囲い，手すり，覆い等を設けていない場所をいうものであること。
(4) 「導電性の高い接地物」とは，鉄骨，鉄筋，鉄柱，金属製水道管，ガス管，鋼船の鋼材部分等であって，大地に埋設される等電気的に接続された状態にあるものをいうこと。
（昭和44年2月5日基発第59号）

（漏電による感電の防止）

**第333条** 事業者は，電動機を有する機械又は器具（以下「電動機械器具」という。）で，対地電圧が150ボルトをこえる移動式若しくは可搬式のもの又は水等導電性の高い液体によつて湿潤している場所その他鉄板上，鉄骨上，定盤上等導電性の高い場所において使用する移動式若しくは可搬式のものについては，漏電による感電の危険を防止するため，当該電動機械器具が接続される電路に，当該電路の定格に適合し，感度が良好であり，かつ，確実に作動する感電防止用漏電しや断装置を接続しなければならない。

② 事業者は，前項に規定する措置を講ずることが困難なときは，電動機械器具の金属製外わく，電動機の金属製外被等の金属部分を，次に定めるところにより接地して使用しなければならない。

1 接地極への接続は，次のいずれかの方法によること。

イ 一心を専用の接地線とする移動電線及び一端子を専用の接地端子とする接続器具を用いて接地極に接続する方法

ロ 移動電線に添えた接地線及び当該電動機械器具の電源コンセントに近接する箇所に設けられた接地端子を用いて接地極に接続する方法

2 前号イの方法によるときは，接地線と電路に接続する電線との混用及び接地端子と電路に接続する端子との混用を防止するための措置を講ずること。

3 接地極は，十分に地中に埋設する等の方法により，確実に大地と接続すること。

【解 説】

(1) 「電動機械器具」には，非接地式電源に接続して使用する電動機械器具は含まれないこと。

(2) 「水その他導電性の高い液体によつて湿潤している場所」とは，常態において，作業床等が水，アルカリ溶液等の導電性の高い液体によってぬれていることにより，漏電の際に感電の危害を生じやすい場所をいい，湧水ずい道内，基礎掘削工事現場，製氷作業場，水洗作業場等はおおむねこれに含まれること。

(3) 「移動式のもの」とは，移動式空気圧縮機，移動式ベルトコンベヤ，移動式コンクリートミキサ，移動式クラッシャ等，移動させて使用する電動機付の機械器具をいい，電車，電気自動車等の電気車両は含まないこと。

(4) 「可搬式のもの」とは，可搬式電気ドリル，可搬式電気グラインダ，可搬式振動機等手に持って使用する電動機械器具をいうこと。

(昭和35年11月22日基発第990号)

(5) 第1項の「当該電路の定格に適合し」とは，電動機械器具が接続される電路の相，線式，電圧，電流，及び周波数に適合することをいうこと。

(6) 第1項の「感度が良好」とは，電圧動作形のものにあっては動作感度電圧がおおむね20ボルトないし30ボルト，電流動作形のもの（電動機器の接地線が切断又は不導通の場合電路をしゃ断する保護機構を有する装置を除く。）にあっては動作感度電流がおおむね30ミリアンペアであり，かつ，動作時限が，電圧動作形にあっては0.2秒以下，電流動作形にあっては0.1秒以下であるものをいうこと。

(7) 第1項の「確実に作動する感電防止用漏電しゃ断装置」とは，JIS C 8370（配線しゃ断器）に定める構造のしゃ断器若しくはJIS C 8325（交流電磁開閉器）に定める構造の開閉器又はこれらとおおむね同等程度の性能を有するしゃ断装置を有するものであって，水又は粉じんの侵入により装置の機能に障害を生じない構造であり，かつ，漏電検出しゃ断動作の試験装置を有するものをいうものであること。

(8) 第1項の「感電防止用漏電しゃ断装置」とは，電路の対地絶縁が低下した場合に電路をじん速にしゃ断して感電による危害を防止するものをいうこと。その動作方式は，電圧動作形と電流動作形に大別され，前者は電気機械器具のケースや電動機のフレームの対地電圧が所定の値に達したときに作動し，後者は漏えい電流が所定の値に達したときに作動するものであること。

なお，この装置を接続した電動機械器具の接地については，特に規定していないが，電気設備の技術基準（旧電気工作物規程）に定めるところにより本条第2項第1号に定める方法又は電動機械器具の使用場所において接地極に接続する方法により接地することは当然であること。ただし，この場合の接地抵抗値は，昭和35年11月22日付け基発第990号通達の7の(11)〈編注：本解説(12)〉に示すところによらなくてもさしつかえないこと。

(昭和44年2月5日基発第59号)

(9) 各号の「接地極」には，地中に埋設された金属製水道管，鋼船の船体等が含まれること。

(10) 第1号及び第2号の「接地線」とは，電動機械器具の金属部分と接地極とを接続する導線をいうこと。

(11) 第2項第2号の「混用を防止するための措置」とは，色，形状等を異にすること，標示すること等の方法により，接地線と電路に接続する電線との区別及び接地端子と電路に接続する端子との区別を明確にすることをいうこと。
⑿　第２項第３号の「確実に」とは，十分に低い接地抵抗値を保つように（電動機械器具の金属部分の接地抵抗値がおおむね25オーム以下になるように）の意であること。

（昭和35年11月22日基発第990号）

（適用除外）
第334条　前条の規定は，次の各号のいずれかに該当する電動機械器具については，適用しない。
1　非接地方式の電路（当該電動機械器具の電源側の電路に設けた絶縁変圧器の二次電圧が300ボルト以下であり，かつ，当該絶縁変圧器の負荷側の電路が接地されていないものに限る。）に接続して使用する電動機械器具
2　絶縁台の上で使用する電動機械器具
3　電気用品安全法（昭和36年法律第234号）第2条第2項の特定電気用品であつて，同法第10条第1項の表示が付された二重絶縁構造の電動機械器具

【解　説】
(1)「非接地方式の電路」とは，電源変圧器の低圧側の中性点又は低圧側の一端子を接地しない配電電路のことをいい，人が電圧側の一線に接触しても地気回路が構成され難く，電動機のフレーム等について漏電による対地電位の上昇が少なく，感電の危険が少ないものをいうこと。
(2)「絶縁台」とは，使用する電動機械器具の対地電圧に応じた絶縁性能を有する作業台をいい，低圧の電動機械器具の場合には，リノリウム張りの床，木の床等であっても十分に乾燥したものは含まれるが，コンクリートの床は含まれないものであること。
　なお，「絶縁台の上で使用する」とは作業者が常時絶縁台の上にあって使用する意であり，作業者がゴム底靴を着用して使用することは含まれないものであること。
(3)「二重絶縁構造の電動機械器具」とは，電動機械器具の充電部と人の接触するおそれのある非充電金属部の間に，機能絶縁と，それが役に立たなくなったときに感電危険を防ぐ保護絶縁とを施した構造のものをいうが，二重絶縁を行い難い部分に強化絶縁（電気的，熱的及び機械的機能が二重絶縁と同等以上の絶縁物を使用した絶縁をいう。）を施したものも含まれるものであること。

（昭和44年2月5日基発第59号）

（電気機械器具の操作部分の照度）
第335条　事業者は，電気機械器具の操作の際に，感電の危険又は誤操作による危険を防止するため，当該電気機械器具の操作部分について必要な照度を保持しなければならない。

【解　説】
(1)「電気機械器具の操作」とは，開閉器の開閉操作，制御器の制御操作，電圧調整器の操作等電気機械器具の電気についての操作をいうこと。
(2)「誤操作による危険」とは，電路の系統，操作順序等を誤って操作した場合に，操作者又は関係労働者が受ける感電又は電気火傷をいうこと。
(3)「必要な照度」とは，操作部分の位置，区分等を容易に判別することができる程度の明るさをいい，照明の方法は，局部照明，全般照明又は自然採光による照明のいずれであっても差しつかえないこと。なお，本条は，操作の際における照度の保持について定めたものであって，操作時以外の場合における照度の保持まで規制する趣旨ではないこと。

（昭和35年11月22日基発第990号）

### 第２節　配線及び移動電線

（配線等の絶縁被覆）

第336条　事業者は，労働者が作業中又は通行の際に接触し，又は接触するおそれのある配線で，絶縁被覆を有するもの（第36条第4号の業務において電気取扱者のみが接触し，又は接触するおそれがあるものを除く。）又は移動電線については，絶縁被覆が損傷し，又は老化していることにより，感電の危険が生ずることを防止する措置を講じなければならない。

【解　説】

(1)「接触するおそれのある」とは，作業し，若しくは通行する者の側方おおむね60センチメートル以内又は作業床若しくは通路面からおおむね２メートル以内の範囲にあることをいうこと。

(2)「防止する措置」とは，当該配線又は移動電線を絶縁被覆の完全なものと取り換えること。絶縁被覆が損傷し，又は老化している部分を補修すること等の措置をいうこと。

（昭和35年11月22日基発第990号）

（移動電線等の被覆又は外装）

第337条　事業者は，水その他導電性の高い液体によつて湿潤している場所において使用する移動電線又はこれに附属する接続器具で，労働者が作業中又は通行の際に接触するおそれのあるものについては，当該移動電線又は接続器具の被覆又は外装が当該導電性の高い液体に対して絶縁効力を有するものでなければ，使用してはならない。

【解　説】

「導電性の高い液体に対して絶縁効力を有するもの」とは，当該液体が侵入しない構造で，かつ，使用する電圧に応じて絶縁性能を有するもの（腐蝕性の液体に対しては耐蝕性をも具備するもの）をいい，移動電線についてはキャブタイヤケーブル，クロロプレン外装ケーブル，防湿２個よりコード等が，また，接続器具については防水型，防滴型，屋外型等の構造のものがこれに該当すること。

（昭和35年11月22日基発第990号）

（仮設の配線等）

第338条　事業者は，仮設の配線又は移動電線を通路面において使用してはならない。ただし，当該配線又は移動電線の上を車両その他の物が通過すること等による絶縁被覆の損傷のおそれのない状態で使用するときは，この限りでない。

【解　説】

(1)「仮設の配線」とは，短期間臨時的に使用する目的で，工作物等に仮取り付けした配線をいうこと。

(2) ただし書の「その他の物」とは，通路面をころがして移送するボンベ，ドラム罐等の重量物をいうこと。

(3) ただし書の「絶縁被覆の損傷のおそれがない状態」とは，当該配線又は移動電線に防護覆を装置すること，当該配線又は移動電線を金属管内又はダクト内に収めること等の方法により，絶縁被覆について損傷防護の措置を講じてある状態及び当該配線又は移動電線を通路面の側端に，かつ，これに添って配置し，車両等がその上を通過すること等のおそれがない状態をいう。

（昭和35年11月22日基発第990号）

### 第3節　停電作業

（停電作業を行なう場合の措置）

**第339条**　事業者は，電路を開路して，当該電路又はその支持物の敷設，点検，修理，塗装等の電気工事の作業を行なうときは，当該電路を開路した後に，当該電路について，次に定める措置を講じなければならない。当該電路に近接する電路若しくはその支持物の敷設，点検，修理，塗装等の電気工事の作業又は当該電路に近接する工作物（電路の支持物を除く。以下この章において同じ。）の建設，解体，点検，修理，塗装等の作業を行なう場合も同様とする。

1　開路に用いた開閉器に，作業中，施錠し，若しくは通電禁止に関する所要事項を表示し，又は監視人を置くこと。

2　開路した電路が電力ケーブル，電力コンデンサー等を有する電路で，残留電荷による危険を生ずるおそれのあるものについては，安全な方法により当該残留電荷を確実に放電させること。

3　開路した電路が高圧又は特別高圧であつたものについては，検電器具により停電を確認し，かつ，誤通電，他の電路との混触又は他の電路からの誘導による感電の危険を防止するため，短絡接地器具を用いて確実に短絡接地すること。

②　事業者は，前項の作業中又は作業を終了した場合において，開路した電路に通電しようとするときは，あらかじめ，当該作業に従事する労働者について感電の危険が生ずるおそれのないこと及び短絡接地器具を取りはずしたことを確認した後でなければ，行なつてはならない。

【解　説】

⑴　第1項の「電路の支持物」とは，がいし及びその支持金具，電柱及びその控線，腕木，腕金等の附属物，変圧器，避雷器，コンデンサ等の電力装置の支持台，配線を固定するための金属管，線ぴ等の配線支持具等電路を支持する物をいうこと。

⑵　第1項の「塗装等」の「等」には，がいし掃除，通信線の配電柱への架設又は配電柱からの撤去等が含まれること。

⑶　第1項の「事業者は，電路を開路して」とは，同項後段についてもかかっているものであること。

⑷　第1項の「近接する」とは，昭和34年2月18日付基発第101号通ちょう記の9の⑹の表〈編注：第570条の解説⑶参照〉に示す離隔距離以内にあることをいうこと。

（昭和35年11月22日基発第990号）

⑸　第1項前段「電路を開路して……電気工事の作業を行なうとき」とは，作業後に通電することを予定している場合に限る趣旨ではない。

⑹　第1項前段「電路を開路して当該電路又はその他支持物の敷設，点検，修理，塗装等……」の「等」には撤去及び解体が含まれる。

（昭和49年10月22日基収第3267号）

⑺　第1項第1号の「通電禁止に関する所要事項」とは，通電操作責任者の氏名，停電作業箇所，当該開閉器を不意に投入することを防止するため必要な事項をいうこと。なお，上記のほか，通電操作責任者の許可なく通電することを禁止する意を含むものである。

（昭和35年11月22日基発第990号，
昭和44年2月5日基発第59号）

⑻　第1項第2号の「安全な方法」とは，当該電路に放電線輪等を施設し，開路と同時に自動的に残留電荷を放電させる方法，放電専用の器具を用いて開路後すみやかに残留電荷を放電させる方法等の方法をいうこと。

⑼　第1項第3号の「混触」には，低圧側電路の故障等に起因するステップ・アップ（高電圧誘起）が含まれること。

⑽　第1項第3号の「誘導」とは，近接する交流の高圧又は特別高圧の電路の相間の不平衡等により，開路した電路に高電圧が誘起される場合をいうこと。

⑾ 第1項第3号の「検電器具」とは，電路の電圧に応じた絶縁耐力及び検電性能を有する携帯型の検電器をいい，当該電路の電圧に応じた絶縁耐力を有する断路器操作用フック棒であって当該電路に近接させて，コロナ放電により，検電することができるもの，作業箇所に近接し，かつ，作業に際して確認することができる位置に施設された電圧計（各相間の電圧を計測できるものに限る。）等が含まれること。

（昭和35年11月22日基発第990号）

（断路器等の開路）

第340条　事業者は，高圧又は特別高圧の電路の断路器，線路開閉器等の開閉器で，負荷電流をしや断するためのものでないものを開路するときは，当該開閉器の誤操作を防止するため，当該電路が無負荷であることを示すためのパイロツトランプ，当該電路の系統を判別するためのタブレツト等により，当該操作を行なう労働者に当該電路が無負荷であることを確認させなければならない。ただし，当該開閉器に，当該電路が無負荷でなければ開路することができない緊錠装置を設けるときは，この限りでない。

【解　説】

⑴ 本条の「負荷電流」には，変圧器の励磁電流又は短距離の電線路の充電電流は含まれないこと。

⑵ 「遮断するためのものではないもの」とは，それ自体を遮断の用には供しない構造のものであって，遮断に用いればアークを発して危害を生ずるおそれがあるものをいうこと。

⑶ 「パイロツトランプにより」とは，当該操作の対象となる断路器，線路開閉器等に近接した位置にパイロットランプを取りつけ，操作する者が確認することができるようにすること。

⑷ 「タブレツト等により」とは，電源遮断用の操作盤と当該操作の対象となる断路器，線路開閉器等に近接した位置とにタブレット受を備えつけて，操作する者が確認することができるようにすることをいうこと。

⑸ 「タブレツト等」の「等」には，同期信号方式の操作指示計を当該操作の対象となる断路器，線路開閉器等に近接した位置に備えつけて操作の指示をする方法，インターホンによって操作の指令をする方法等が含まれること。

⑹ ただし書の「緊錠装置」とは，当該電路の遮断器によって負荷を遮断した後でなければ，断路器，線路開閉器等の操作を行なうことができないようにインタロック（電気的インタロック又は機械的インタロック）した装置をいうこと。

（昭和35年11月22日基発第990号）

⑺ 〔プライマリカットアウト等〕

問　プライマリカットアウト又はがいし型スイッチについても本条の誤操作防止措置を行なわなければならないか。

答　プライマリカットアウト又はヒューズ付きのがいし製スイッチは，開閉器に該当しない。

（昭和38年7月18日基収第4113号）

## 第4節　活線作業及び活線近接作業

（高圧活線作業）

第341条　事業者は，高圧の充電電路の点検，修理等当該充電電路を取り扱う作業を行なう場合において，当該作業に従事する労働者について感電の危険が生ずるおそれのあるときは，次の各号のいずれかに該当する措置を講じなければならない。

1　労働者に絶縁用保護具を着用させ，かつ，当該充電電路のうち労働者が現に取り扱つている部分以外の部分が，接触し，又は接近することにより感電の危険が生ずるおそれのあるものに絶縁用防具を装着すること。

2　労働者に活線作業用器具を使用させること。

3　労働者に活線作業用装置を使用させること。この場合には，労働者が現に取り扱つている充電電路と電位を異にする物に，労働者の身体又は労働者が現に取り扱つている金属製の工具，材料等の導電体（以下「身体等」という。）が接触し，又は接近することによる感電の危険を生じさせてはならない。

② 労働者は，前項の作業において，絶縁用保護具の着用，絶縁用防具の装着又は活線作業用器具若しくは活線作業用装置の使用を事業者から命じられたときは，これを着用し，装着し，又は使用しなければならない。

【解　説】

(1) 「高圧の充電電路」とは，高圧の裸電線，電気機械器具の高圧の露出充電部分のほか，高圧電路に用いられている高圧絶縁電線，引下げ用高圧絶縁電線，高圧用ケーブル又は特別高圧用ケーブル，高圧用キャブタイヤケーブル，電気機械器具の絶縁物で覆われた高圧充電部分等であって，絶縁被覆又は絶縁覆いの老化，欠如若しくは損傷している部分が含まれるものであること。（昭和44年2月5日基発第59号）

(2) 「点検，修理等露出充電部分を取り扱う作業」には，電線の分岐，接続，切断，引どめ，バインド等の作業が含まれること。

(3) 「絶縁用保護具」とは，電気用ゴム手袋，電気用帽子，電気用ゴム袖，電気用ゴム長靴等作業を行なう者の身体に着用する感電防止の保護具をいうこと。

(4) 「絶縁用防具」とは，ゴム絶縁管，ゴムがいしカバ，ゴムシート，ビニールシート等電路に対して取り付ける感電防止用の装具をいうこと。

(5) 「活線作業用器具」とは，その使用の際に作業を行なう者の手で持つ部分が絶縁材料で作られた棒状の絶縁工具をいい，いわゆるホットステックのごときものをいうこと。

(6) 「活線作業用装置」とは，対地絶縁を施こした活線作業用車又は活線作業用絶縁台をいうこと。

（昭和35年11月22日基発第990号）

（高圧活線近接作業）

第342条　事業者は，電路又はその支持物の敷設，点検，修理，塗装等の電気工事の作業を行なう場合において，当該作業に従事する労働者が高圧の充電電路に接触し，又は当該充電電路に対して頭上距離が30センチメートル以内又は軀側距離若しくは足下距離が60センチメートル以内に接近することにより感電の危険が生ずるおそれのあるときは，当該充電電路に絶縁用防具を装着しなければならない。ただし，当該作業に従事する労働者に絶縁用保護具を着用させて作業を行なう場合において，当該絶縁用保護具を着用する身体の部分以外の部分が当該充電電路に接触し，又は接近することにより感電の危険が生ずるおそれのないときは，この限りでない。

② 労働者は，前項の作業において，絶縁用防具の装着又は絶縁用保護具の着用を事業者から命じられたときは，これを装着し，又は着用しなければならない。

【解　説】

(1) 「頭上距離30センチメートル以内又は軀側距離若しくは足下距離60センチメートル以内」とは，頭上30センチメートルの水平面，軀幹部の表面からの水平距離60センチメートルの鉛直面及び足下60センチメートルの水平面により囲まれた範囲内をいうこと。

(2) 「身体の部分以外の部分」とは，身体のうち，保護具によって保護されていない部分をいうこと。（昭和35年11月22日基発第990号）

(3) 第1項の「高圧の充電電路に接触する」の「接触」には，労働者が現に取り扱っている金具製の工具，材料等の導電体を介しての接触を含むものであること。

(4) 第1項の「軀側距離」には，架空電線の場合であって風による電線の動揺があるときは，その動揺幅を加算した距離を保つ必要があること。

（昭和44年2月5日基発第59号）

第5編　関係法令

（絶縁用防具の装着等）

第343条　事業者は，前二条の場合において，絶縁用防具の装着又は取りはずしの作業を労働者に行なわせるときは，当該作業に従事する労働者に，絶縁用保護具を着用させ，又は活線作業用器具若しくは活線作業用装置を使用させなければならない。

② 労働者は，前項の作業において，絶縁用保護具の着用又は活線作業用器具若しくは活線作業用装置の使用を事業者から命じられたときには，これを着用し，又は使用しなければならない。

（特別高圧活線作業）

第344条　事業者は，特別高圧の充電電路又はその支持がいしの点検，修理，清掃等の電気工事の作業を行なう場合において，当該作業に従事する労働者について感電の危険が生ずるおそれのあるときは，次の各号のいずれかに該当する措置を講じなければならない。

1　労働者に活線作業用器具を使用させること。この場合には，身体等について，次の表の上欄〈編注：左欄〉に掲げる充電電路の使用電圧に応じ，それぞれ同表の下欄〈編注：右欄〉に掲げる充電電路に対する接近限界距離を保たせなければならない。

| 充電電路の使用電圧（単位　キロボルト） | 充電電路に対する接近限界距離（単位　センチメートル） |
|---|---|
| 22以下 | 20 |
| 22をこえ33以下 | 30 |
| 33をこえ66以下 | 50 |
| 66をこえ77以下 | 60 |
| 77をこえ110以下 | 90 |
| 110をこえ154以下 | 120 |
| 154をこえ187以下 | 140 |
| 187をこえ220以下 | 160 |
| 220をこえる場合 | 200 |

2　労働者に活線作業用装置を使用させること。この場合には，労働者が現に取り扱っている充電電路若しくはその支持がいしと電位を異にする物に身体等が接触し，又は接近することによる感電の危険を生じさせてはならない。

② 労働者は，前項の作業において，活線作業用器具又は活線作業用装置の使用を事業者から命じられたときは，これを使用しなければならない。

【解　説】

(1) 本条は，現段階においては特別高圧用の絶縁用保護具，絶縁用防具がないため，危害防止の措置については活線作業用装置又は活線作業用器具の使用に限ることとしたものであること。
（昭和35年11月22日基発第990号）

(2) 「特別高圧の充電電路」とは，特別高圧の裸電線，電気機械器具の特別高圧の露出充電部分のほか，特別高圧電路に用いられている特別高圧用ケーブル，電気機械器具の絶縁物で覆われた特別高圧充電部分等であって，絶縁被覆又は絶縁覆いの老化，欠如若しくは損傷している部分が含まれるものであること。
なお，特別高圧の充電部に接近している絶縁物に静電誘導により電位を生じたものは含まれないものであること。

(3) 第1項の「清掃」とは，特別高圧の充電電路の支持がいしの清掃をいうものであること。
なお，「清掃等」の「等」には，特別高圧の電路又はその支持がいしの移設，取り替え等が含まれるものであること。

(4) 本条の「活線作業用器具」とは，使用の際に，手で持つ部分が絶縁材料で作られた棒状の特別高圧用絶縁工具をいい，ホットスティック，開閉器操作用フック棒等のほか不良がいし検出器が含まれるものであること。ただし，注水式の活線がいし洗浄器は，活線作業用器具に含まれないこと。

(5) 第1項第1号の「使用電圧」とは，電路の公称電圧（電路を代表する線間電圧をいう。）をいうものであること。

(6) 第1項第1号の「接近限界距離」は，労働者の身体または労働者が現に取り扱っている金属製の工具，材料等の導電体のうち，特別高圧の充電電路に最も近接した部分と，当該充電電路との最短直線距離においてアーク閃絡のおそれがある距離として，当該電路の常規電圧だけでなく電路内部に発生する異常電圧（開閉サージ及び持続性異常電圧）をも考慮して定めたものであること。

なお，架空電線の場合であって，風による電線の動揺があるときはその動揺幅を加算した距離を保つ必要があること。

(7) 第1項第1号の表の上欄〈編注：左欄〉の「充電電路の使用電圧」の最上限を「220キロボルトをこえる場合」と規定しその場合に必要な接近限界距離を200センチメートルとしているが，これは，現行の送電電圧の最高値である275キロボルトを予定して定めたものであるから，充電電路の使用電圧が275キロボルトをこえる場合には十分でないので，その場合は，当該使用電圧に応じて安全な接近限界距離を保たせるように指導する必要があること。

(8) 本条の「活線作業用装置」とは，対地絶縁を施した活線作業用車，活線作業用絶縁台等であって，対象とする特別高圧の電圧について絶縁効力を有するものをいうこと。

（昭和44年2月5日基発第59号）

（特別高圧活線近接作業）

**第345条**　事業者は，電路又はその支持物（特別高圧の充電電路の支持がいしを除く。）の点検，修理，塗装，清掃等の電気工事の作業を行なう場合において，当該作業に従事する労働者が特別高圧の充電電路に接近することにより感電の危険が生ずるおそれのあるときは，次の各号のいずれかに該当する措置を講じなければならない。

1　労働者に活線作業用装置を使用させること。

2　身体等について，前条第1項第1号に定める充電電路に対する接近限界距離を保たせなければならないこと。この場合には，当該充電電路に対する接近限界距離を保つ見やすい箇所に標識等を設け，又は監視人を置き作業を監視させること。

②　労働者は，前項の作業において，活線作業用装置の使用を事業者から命じられたときは，これを使用しなければならない。

【解　説】

(1) 第1項の「清掃」とは，特別高圧の充電電路以外の電路の支持がいしの清掃をいうものであること。

(2) 第1項の「特別高圧の充電電路に接近することにより感電の危険を生ずるおそれがあるとき」とは，特別高圧の充電電路の使用電圧に応じて，当該充電電路に対する接近限界距離以内に接近することにより感電の危害を生ずるおそれのあるときをいうものであること。

(3) 第1項第2号の「標識等」の「等」には，鉄構，鉄塔等に設ける区画ロープ，立入禁止棒のほか，発変電室等に設ける区画ネット，柵等が含まれるものであること。

（昭和44年2月5日基発第59号）

（低圧活線作業）

第346条　事業者は，低圧の充電電路の点検，修理等当該充電電路を取り扱う作業を行なう場合において，当該作業に従事する労働者について感電の危険が生ずるおそれのあるときは，当該労働者に絶縁用保護具を着用させ，又は活線作業用器具を使用させなければならない。

②　労働者は，前項の作業において，絶縁用保護具の着用又は活線作業用器具の使用を事業者から命じられたときは，これを着用し，又は使用しなければならない。

【解　説】

(1)　本条の「感電の危険を生ずるおそれがあるとき」とは，作業を行なう場所の足もとが湿潤しているとき，導電性の高い物の上であるとき，降雨，発汗等により作業衣が湿潤しているとき等感電しやすい状態となっていることをいうこと。
（昭和35年11月22日基発第990号）

(2)「低圧の充電電路」とは，低圧の裸電線，電気機械器具の低圧の露出充電部分のほか，低圧用電路に用いられている屋外用ビニル絶縁電線，引込用ビニル絶縁電線，600ボルトビニル絶縁電線，600ボルトゴム絶縁電線，電気温床線，ケーブル，高圧用の絶縁電線，電気機械器具の絶縁物で覆われた低圧充電部分等であって絶縁被覆または絶縁覆いが欠如若しくは損傷している部分が含まれるものであること。

(3)　本条の「絶縁用保護具」とは，身体に着用する感電防止用保護具であって，交流で300ボルトをこえる低圧の充電電路について用いるものは第348条に定めるものでなければならないが，直流で750ボルト以下又は交流で300ボルト以下の充電電路について用いるものは，対象とする電路の電圧に応じた絶縁性能を有するものであればよく，ゴム引又はビニル引の作業手袋，皮手袋，ゴム底靴等であって濡れていないものが含まれるものであること。

(4)　本条の「活線作業用器具」とは，使用の際に手で持つ部分が絶縁材料で作られた棒状の絶縁工具であって，交流で300ボルトをこえる低圧の充電電路について用いるものは，第348条に定めるものでなければならないが，直流で750ボルト以下又は交流で300ボルト以下の充電電路について用いるものは，対象とする電路の電圧に応じた絶縁性能を有するものであればよく，絶縁棒その他絶縁性のものの先端部に工具部分を取り付けたもの等が含まれるものであること。
（昭和44年2月5日基発第59号）

（低圧活線近接作業）

第347条　事業者は，低圧の充電電路に近接する場所で電路又はその支持物の敷設，点検，修理，塗装等の電気工事の作業を行なう場合において，当該作業に従事する労働者が当該充電電路に接触することにより感電の危険が生ずるおそれのあるときは，当該充電電路に絶縁用防具を装着しなければならない。ただし，当該作業に従事する労働者に絶縁用保護具を着用させて作業を行なう場合において，当該絶縁用保護具を着用する身体の部分以外の部分が当該充電電路に接触するおそれのないときは，この限りでない。

②　事業者は，前項の場合において，絶縁用防具の装着又は取りはずしの作業を労働者に行なわせるときは，当該作業に従事する労働者に，絶縁用保護具を着用させ，又は活線作業用器具を使用させなければならない。

③　労働者は，前二項の作業において，絶縁用防具の装着，絶縁用保護具の着用又は活線作業用器具の使用を事業者から命じられたときは，これを装着し，着用し，又は使用しなければならない。

【解　説】

本条の「絶縁用防具」とは，電路に取り付ける感電防止のための装具であって，交流で300ボルトをこえる低圧の充電電路について用いるものは第348条に定めるものでなければならないが，直流で750ボルト以下又は交流で300ボルト以下の充電電路について用いるものは，対象とする電路の電圧に応じた絶縁性能を有するものであればよく，割竹，当て板等であって乾燥しているものが含まれるものであること。

（昭和44年2月5日基発第59号）

（絶縁用保護具等）

第348条　事業者は，次の各号に掲げる絶縁用保護具等については，それぞれの使用の目的に適応する種別，材質及び寸法のものを使用しなければならない。

1　第341条から第343条までの絶縁用保護具

2　第341条及び第342条の絶縁用防具

3　第341条及び第343条から第345条までの活線作業用装置

4　第341条，第343条及び第344条の活線作業用器具

5　第346条及び第347条の絶縁用保護具及び活線作業用器具並びに第347条の絶縁用防具

②　事業者は，前項第5号に掲げる絶縁用保護具，活線作業用器具及び絶縁用防具で，直流で750ボルト以下又は交流で300ボルト以下の充電電路に対して用いられるものにあつては，当該充電電路の電圧に応じた絶縁効力を有するものを使用しなければならない。

【解　説】

本条第2項は，直流で750ボルト以下又は交流で300ボルト以下の充電電路に対して用いられる絶縁用保護具，活線作業用器具及び絶縁用防具については，法第42条の労働大臣が定める規格を具備すべき機械等とされておらず，したがって絶縁効力についての規格が定められていないが，これらを使用するときは，その使用する充電電路の電圧に応じた絶縁効力を有するものでなければ使用してはならないことを定めたものであること。

（昭和50年7月21日基発第415号）

（工作物の建設等の作業を行なう場合の感電の防止）

第349条　事業者は，架空電線又は電気機械器具の充電電路に近接する場所で，工作物の建設，解体，点検，修理，塗装等の作業若しくはこれらに附帯する作業又はくい打機，くい抜機，移動式クレーン等を使用する作業を行なう場合において，当該作業に従事する労働者が作業中又は通行の際に，当該充電電路に身体等が接触し，又は接近することにより感電の危険が生ずるおそれのあるときは，次の各号のいずれかに該当する措置を講じなければならない。

1　当該充電電路を移設すること。

2　感電の危険を防止するための囲いを設けること。

3　当該充電電路に絶縁用防護具を装着すること。

4　前三号に該当する措置を講ずることが著しく困難なときは，監視人を置き，作業を監視させること。

【解　説】

⑴　本条の「架空電線」とは，送電線，配電線，引込線，電気鉄道又はクレーンのトロリ線等の架設の配線をいうものであること。

⑵　本条の「工作物」（第339条において同じ。）と

は，人為的な労作を加えることによって，通常，土地に固定して設備される物をいうものであること。ただし，電路の支持物は除かれること。
(3) 「これらに附帯する作業」には，調査，測量，掘削，運搬等が含まれるものであること。
(4) 「くい打機，くい抜機，移動式クレーン等」の「等」には，ウインチ，レッカー車，機械集材装置，運材索道等が含まれるものであること。
(5) 「くい打機，くい抜機，移動式クレーン等を使用する作業を行なう場合」の「使用する作業を行なう場合」とは，運転及びこれに附帯する作業のほか，組立，移動，点検，調整又は解体を行なう場合が含まれるものであること。
(6) 本条の「囲い」とは，乾燥した木材，ビニル板等絶縁効力のあるもので作られたものでなければならないものであること。
(7) 本条の「絶縁用防護具」とは，建設工事（電気工事を除く。）等を活線に近接して行なう場合の線カバ，がいしカバ，シート等電路に装着する感電防止用装具であって，第341条，第342条及び第347条に規定する電気工事用の絶縁用防具とは異なるものであるが，これらの絶縁用防具の構造，材質，絶縁性能等が第348条に基づいて労働大臣が告示で定める規格に適合するものは，本条の絶縁用防護具に含まれるものであること。ただし，電気工事用の絶縁用防具のうち天然ゴム製のものは，耐候性の点から本条の絶縁用防護具には含まれない。
(8) 「前三号に該当する措置を講ずることが著しく困難な場合」とは，充電電路の電圧の種別を問わず第1号の措置が不可能な場合，特別高圧の電路であって第2号又は第3号の措置が不可能な場合その他電路が高圧又は低圧の架空電線であって，その径間が長く，かつ径間の中央部分に近接して短時間の作業を行なうため第2号又は第3号の措置が困難な場合をいうものであること。

（昭和44年2月5日基発第59号）

〔移動式クレーン等の送配電線類への接触による感電災害の防止対策について〕
(9) 送配電線類に対して安全な離隔距離を保つこと。
移動式クレーン等〈編注：移動式クレーン，くい打機，機械集材装置等〉の機体，ワイヤーロープ等と送配電線類〈編注：送電線，配電線，電車用饋電線等〉の充電部分との離隔距離を，次の表の左欄に掲げる電路の電圧に応じ，それぞれ同表の右欄に定める値以上とするよう指導すること。

| 電路の電圧 | 離　隔　距　離 |
|---|---|
| 特別高圧 | 2m，ただし，60,000V以上は10,000Vまたはその端数を増すごとに20cm増し。 |
| 高　　圧 | 1.2m |
| 低　　圧 | 1m |

なお，移動式クレーン等の機体，ワイヤーロープ等が目測上の誤差等によりこの離隔距離内に入ることを防止するために，移動式クレーン等の行動範囲を規制するための木柵，移動式クレーンのジブ等の行動範囲を制限するためのゲート等を設けることが望ましいこと。
(10) 監視責任者を配置すること。
移動式クレーン等を使用する作業について的確な作業指揮をとることができる監視責任者を当該作業現場に配置し，安全な作業の遂行に努めること。
(11) 作業計画の事前打合せをすること。
この種作業の作業計画の作成に当たっては，事前に，電力会社等送配電線類の所有者と作業の日程，方法，防護措置，監視の方法，送配電線類の所有者の立会い等について，十分打ち合わせるように努めること。
(12) 関係作業者に対し，作業標準を周知徹底させること。
関係作業者に対して，感電の危険性を十分周知させるとともに，その作業準備を定め，これにより作業が行われるよう必要な指導を行うこと。

（昭和50年12月17日基発第759号）

### 第5節　管理

（電気工事の作業を行なう場合の作業指揮等）

**第350条**　事業者は，第339条，第341条第1項，第342条第1項，第344条第1項又は第345条第1項の作業を行なうときは，当該作業に従事する労働者に対し，作業を行なう期間，作業の内容並びに取り扱う電路及びこれに近接する電路の系統について周知させ，かつ，作業の指揮者を定めて，その者に次の事項を行なわせなければならない。

1　労働者にあらかじめ作業の方法及び順序を周知させ，かつ，作業を直接指揮すること。
2　第345条第1項の作業を同項第2号の措置を講じて行なうときは，標識等の設置又は監視人の配置の状態を確認した後に作業の着手を指示すること。
3　電路を開路して作業を行なうときは，当該電路の停電の状態及び開路に用いた開閉器の施錠，通電禁止に関する所要事項の表示又は監視人の配置の状態並びに電路を開路した後における短絡接地器具の取付けの状態を確認した後に作業の着手を指示すること。

【解　説】

⑴　本条の「作業の内容」とは，実施を予定している作業の内容，活線作業又は活線近接作業の必要の有無のほか，作業上の禁止事項を含むものであること。
⑵　「電路の系統」とは，発変電所，開閉所，電気使用場所等の間を連絡する配線，これらの支持物及びこれらに接続される電気機械器具の一連の系統をいうものであること。

（昭和44年2月5日基発第59号）

（絶縁用保護具等の定期自主検査）
第351条　事業者は，第348条第1項各号に掲げる絶縁用保護具等（同項第5号に掲げるものにあつては，交流で300ボルトを超える低圧の充電電路に対して用いられるものに限る。以下この条において同じ。）については，6月以内ごとに1回，定期に，その絶縁性能について自主検査を行わなければならない。ただし，6月を超える期間使用しない絶縁用保護具等の当該使用しない期間においては，この限りでない。
②　事業者は，前項ただし書の絶縁用保護具等については，その使用を再び開始する際に，その絶縁性能について自主検査を行なわなければならない。
③　事業者は，第1項又は第2項の自主検査の結果，当該絶縁用保護具等に異常を認めたときは，補修その他必要な措置を講じた後でなければ，これらを使用してはならない。
④　事業者は，第1項又は第2項の自主検査を行つたときは，次の事項を記録し，これを3年間保存しなければならない。
1　検査年月日
2　検査方法
3　検査箇所
4　検査の結果
5　検査を実施した者の氏名
6　検査の結果に基づいて補修等の措置を講じたときは，その内容

【解　説】

⑴　本条の絶縁性能についての定期自主検査を行う場合の耐電圧試験は，絶縁用保護具等の規格（昭和47年労働省告示第144号）に定める方法によること。ただし，絶縁用保護具及び絶縁用防具の耐電圧試験の試験電圧については，次の表〈編注：右の表〉の左欄に掲げる種類に応じ，それぞれ同表の右欄に定める電圧以上とすること。

（昭和50年7月21日基発第415号）

| 絶縁用保護具又は絶縁用防具の種類 | 電　圧 |
|---|---|
| 交流の電圧が300ボルトを超え600ボルト以下である電路について用いるもの。 | 交流1,500ボルト |
| 交流の電圧が600ボルトを超え3,500ボルト以下である電路又は直流の電圧が750ボルトを超え3,500ボルト以下である電路について用いるもの。 | 交流6,000ボルト |
| 電圧が3,500ボルトを超える電路について用いるもの。 | 交流10,000ボルト |

⑵　高所作業車のうち，活線作業車として使用するものにあっては，6月以内ごとに1回，定期に，その絶縁性能についても自主検査を行うこと。（昭和53年4月10日基発第208号の2）

（電気機械器具等の使用前点検等）

**第352条**　事業者は，次の表の上欄〈編注：左欄〉に掲げる電気機械器具等を使用するときは，その日の使用を開始する前に当該電気機械器具等の種別に応じ，それぞれ同表の下欄〈編注：右欄〉に掲げる点検事項について点検し，異常を認めたときは，直ちに，補修し，又は取り換えなければならない。

| 電気機械器具等の種別 | 点　検　事　項 |
|---|---|
| （略） | （略） |
| （略） | 作動状態 |
| 第333条第1項の感電防止用漏電しや断装置 | |
| 第333条の電動機械器具で，同条第2項に定める方法により接地をしたもの | 接地線の切断，接地極の浮上がり等の異常の有無 |
| 第337条の移動電線及びこれに附属する接続器具 | 被覆又は外装の損傷の有無 |
| 第339条第1項第3号の検電器具 | 検電性能 |
| 第339条第1項第3号の短絡接地器具 | 取付金具及び接地導線の損傷の有無 |
| 第341条から第343条までの絶縁用保護具 | ひび，割れ，破れその他の損傷の有無及び乾燥状態 |
| 第341条及び第342条の絶縁用防具 | |
| 第341条及び第343条から第345条までの活線作業用装置 | |
| 第341条，第343条及び第344条の活線作業用器具 | |
| 第346条及び第347条の絶縁用保護具及び活線作業用器具並びに第347条の絶縁用防具 | |
| 第349条第3号及び第570条第1項第6号の絶縁用防護具 | |

**【解　説】**

(1)　充電電路に近接した場所で使用する高所作業車は原則として活線作業用装置としての絶縁が施されたものを使用すること。

(2)　高所作業車のうち，活線作業用装置として使用するものにあっては，絶縁部分のひび，割れ，破れその他の損傷の有無及び乾燥状態についても点検を行うこと。

（昭和53年4月10日基発第208号の2）

（電気機械器具の囲い等の点検等）

**第353条**　事業者は，第329条の囲い及び絶縁覆いについて，毎月1回以上，その損傷の有無を点検し，異常を認めたときは，直ちに補修しなければならない。

**【解　説】**

本条の「点検」とは，取付部のゆるみ，はずれ，破損状態等についての点検を指すものであり，分解検査，絶縁抵抗試験等を含む趣旨ではないこと。（昭和35年11月22日基発第990号）

#### 第6節　雑則

（適用除外）

第354条　この章の規定は，電気機械器具，配線又は移動電線で，対地電圧が50ボルト以下であるものについては，適用しない。

【解　説】

(1)「配線」とは，がいし引工事，線ぴ工事，金属管工事，ケーブル工事等の方法により，固定して施設されている電線をいい，電気使用場所に施設されているもののほか，送電線，配電線，引込線等をも含むこと。なお，電気機械器具内の電線は含まないこと。

(2)「移動電線」とは，移動型または可搬型の電気機械器具に接続したコード，ケーブル等固定して使用しない電線をいい，つり下げ電燈のコード，電気機械器具内の電線等は含まないこと。

（昭和35年11月22日基発第990号）

## 第6章　掘削作業等における危険の防止

### 第1節　明り掘削の作業

#### 第1款　掘削の時期及び順序等

（掘削機械等の使用禁止）

第363条　事業者は，明り掘削の作業を行なう場合において，掘削機械，積込機械及び運搬機械の使用によるガス導管，地中電線路その他地下に在する工作物の損壊により労働者に危険を及ぼすおそれのあるときは，これらの機械を使用してはならない。

## 第9章　墜落，飛来崩壊等による危険の防止

### 第1節　墜落等による危険の防止

（作業床の設置等）

第518条　事業者は，高さが2メートル以上の箇所（作業床の端，開口部等を除く。）で作業を行なう場合において墜落により労働者に危険を及ぼすおそれのあるときは，足場を組み立てる等の方法により作業床を設けなければならない。

②　事業者は，前項の規定により作業床を設けることが困難なときは，防網を張り，労働者に要求性能墜落制止用器具を使用させる等墜落による労働者の危険を防止するための措置を講じなければならない。

【解　説】

(1) 第1項の「作業床の端，開口部等」には，物品揚卸口，ピット，たて坑又はおおむね40度以上の斜坑の坑口及びこれが他の坑道と交わる場所並びに井戸，船舶のハッチ等が含まれること。

（昭和44年2月5日基発第59号）

(2)「足場を組み立てる等の方法により作業床を設ける」には，配管，機械設備等の上に作業床を設けること等が含まれるものであること。

（昭和47年9月18日基発第601号の1）

(3) 第518条第2項の「労働者に要求性能墜落制止用器具を使用させる等」の「等」には，荷の上の作業等であって，労働者に要求性能墜落制止用器具を使用させることが著しく困難な場合において，墜落による危害を防止するための保護帽を着用させる等の措置が含まれること。

（昭和43年6月14日安発第100号，
昭和50年7月21日基発第415号を一部修正）

第519条　事業者は，高さが2メートル以上の作業床の端，開口部等で墜落により労働者に危険を及ぼすおそれのある箇所には，囲い，手すり，覆(おお)い等（以下この条において「囲い等」という。）を設けなければならない。

②　事業者は，前項の規定により，囲い等を設けることが著しく困難なとき又は作業の必要上臨時に囲い等を取りはずすときは，防網を張り，労働者に要求性能墜落制止用器具を使用させる等墜落による労働者の危険を防止するための措置を講じなければならない。

第520条　労働者は，第518条第2項及び前条第2項の場合において，要求性能墜落制止用器具等の使用を命じられたときは，これを使用しなければならない。

（要求性能墜落制止用器具等の取付設備等）

第521条　事業者は，高さが2メートル以上の箇所で作業を行なう場合において，労働者に要求性能墜落制止用器具等を使用させるときは，要求性能墜落制止用器具等を安全に取り付けるための設備等を設けなければならない。

②　事業者は，労働者に要求性能墜落制止用器具等を使用させるときは，要求性能墜落制止用器具等及びその取付け設備等の異常の有無について，随時点検しなければならない。

【解　説】

「要求性能墜落制止用器具等を安全に取り付けるための設備等」の「等」には，はり，柱等がすでに設けられており，これらに要求性能墜落制止用器具等を安全に取り付けるための設備として利用することができる場合が含まれること。

（昭和43年6月14日安発第100号，昭和50年7月21日基発第415号を一部修正）

（悪天候時の作業禁止）

第522条　事業者は，高さが2メートル以上の箇所で作業を行なう場合において，強風，大雨，大雪等の悪天候のため，当該作業の実施について危険が予想されるときは，当該作業に労働者を従事させてはならない。

【解　説】

〔悪天候〕

(1)「強風」とは，10分間の平均風速が毎秒10m以上の風を，「大雨」とは1回の降雨量が50mm以上の降雨を，「大雪」とは1回の降雪量が25cm以上の降雪をいうこと。

(2)「強風，大雨，大雪等の悪天候のため」には，当該作業地域が実際にこれらの悪天候となった場合のほか，当該地域に強風，大雨，大雪等の気象注意報または気象警報が発せられ悪天候となることが予想される場合を含む趣旨であること。　（昭和46年4月15日基発第309号）

（照度の保持）

第523条　事業者は，高さが2メートル以上の箇所で作業を行なうときは，当該作業を安全に行なうため必要な照度を保持しなければならない。

（スレート等の屋根上の危険の防止）

第524条　事業者は，スレート，木毛板等の材料でふかれた屋根の上で作業を行なう場合において，踏み抜きにより労働者に危険を及ぼすおそれのあるときは，幅が30センチメートル以上の歩み板を設け，防網を張る等踏み抜きによる労働者の危険を防止するための措置を講じなければならない。

【解　説】
(1)「木毛板等」の「等」には，塩化ビニール板等であって労働者が踏み抜くおそれがある材料が含まれること。
(2) スレート，木毛板等ぜい弱な材料でふかれた屋根であっても，当該材料の下に野地板，間隔が30センチメートル以下の母屋等が設けられており，労働者が踏み抜きによる危害を受けるおそれがない場合には，本条を適用しないこと。
(3)「防網を張る等」の「等」には，労働者に命綱を使用させる等の措置が含まれること。
（昭和43年6月14日安発第100号）

（昇降するための設備の設置等）
第526条　事業者は，高さ又は深さが1.5メートルをこえる箇所で作業を行なうときは，当該作業に従事する労働者が安全に昇降するための設備等を設けなければならない。ただし，安全に昇降するための設備等を設けることが作業の性質上著しく困難なときは，この限りでない。
② 前項の作業に従事する労働者は，同項本文の規定により安全に昇降するための設備等が設けられたときは，当該設備等を使用しなければならない。

【解　説】
(1)「安全に昇降するための設備等」の「等」には，エレベータ，階段等がすでに設けられており労働者が容易にこれらの設備を利用し得る場合が含まれること。
(2)「作業の性質上著しく困難な場合」には，立木等を昇降する場合があること。
なお，この場合，労働者に当該立木等を安全に昇降するための用具を使用させなければならないことは，いうまでもないこと。
（昭和43年6月14日安発第100号）

（移動はしご）
第527条　事業者は，移動はしごについては，次に定めるところに適合したものでなければ使用してはならない。
1　丈夫な構造とすること。
2　材料は，著しい損傷，腐食等がないものとすること。
3　幅は，30センチメートル以上とすること。
4　すべり止め装置の取付けその他転位を防止するために必要な措置を講ずること。

【解　説】
(1)「転位を防止するために必要な措置」には，はしごの上方を建築物等に取り付けること，他の労働者がはしごの下方を支えること等の措置が含まれること。
(2) 移動はしごは，原則として継いで用いることを禁止し，やむを得ず継いで用いる場合には，次によるよう指導すること。
イ　全体の長さは9メートル以下とすること。
ロ　継手が重合せ継手のときは，接続部において1.5メートル以上を重ね合せて2箇所以上において堅固に固定すること。
ハ　継手が突合せ継手のときは1.5メートル以上の添木を用いて4箇所以上において堅固に固定すること。
(3) 移動はしごの踏み桟は，25センチメートル以上35センチメートル以下の間隔で，かつ，等間隔に設けられていることが望ましいこと。
（昭和43年6月14日安発第100号）

（脚立）

第528条　事業者は，脚立については，次に定めるところに適合したものでなければ使用してはならない。

1　丈夫な構造とすること。

2　材料は，著しい損傷，腐食等がないものとすること。

3　脚と水平面との角度を75度以下とし，かつ，折りたたみ式のものにあつては，脚と水平面との角度を確実に保つための金具等を備えること。

4　踏み面は，作業を安全に行なうため必要な面積を有すること。

（立入禁止）

第530条　事業者は，墜落により労働者に危険を及ぼすおそれのある箇所に関係労働者以外の労働者を立ち入らせてはならない。

### 第2節　飛来崩壊災害による危険の防止

（高所からの物体投下による危険の防止）

第536条　事業者は，3メートル以上の高所から物体を投下するときは，適当な投下設備を設け，監視人を置く等労働者の危険を防止するための措置を講じなければならない。

②　労働者は，前項の規定による措置が講じられていないときは，3メートル以上の高所から物体を投下してはならない。

（物体の落下による危険の防止）

第537条　事業者は，作業のため物体が落下することにより，労働者に危険を及ぼすおそれのあるときは，防網の設備を設け，立入区域を設定する等当該危険を防止するための措置を講じなければならない。

（物体の飛来による危険の防止）

第538条　事業者は，作業のため物体が飛来することにより労働者に危険を及ぼすおそれのあるときは，飛来防止の設備を設け，労働者に保護具を使用させる等当該危険を防止するための措置を講じなければならない。

【解　説】

飛来防止の設備は，物体の飛来自体を防ぐべき措置を設けることを第一とし，この予防措置を設け難い場合，もしくはこの予防措置を設けるもなお危害のおそれのある場合に，保護具を使用せしめること。

（昭和23年5月11日基発第737号，昭和33年2月13日基発第90号）

（保護帽の着用）

第539条　事業者は，船台の附近，高層建築場等の場所で，その上方において他の労働者が作業を行なつているところにおいて作業を行なうときは，物体の飛来又は落下による労働者の危険を防止するため，当該作業に従事する労働者に保護帽を着用させなければならない。

②　前項の作業に従事する労働者は，同項の保護帽を着用しなければならない。

【解　説】

第1項は，物体が飛来し，又は落下して本項に掲げる作業に従事する労働者に危害を及ぼすおそれがない場合には適用しない趣旨であること。（昭和43年1月13日安発第2号）

## 第10章　通路，足場等

### 第2節　足場

#### 第4款　鋼管足場

（鋼管足場）

第570条　事業者は，鋼管足場については，次に定めるところに適合したものでなければ使用してはならない。

1～5　略

6　架空電路に近接して足場を設けるときは，架空電路を移設し，架空電路に絶縁用防護具を装着する等架空電路との接触を防止するための措置を講ずること。

②　略

【解　説】

(1)　第6号は，足場と電路とが接触して，足場に電流が通ずることを防止することとしたものであって，足場上の労働者が架空電路に接触することによる感電防止の措置については，第349条の規定によるものであること。

(2)　第6号の「架空電路」とは，送電線，配電線等空中に架設された電線のみでなく，これらに接続している変圧器，しゃ断器等の電気機器類の露出充電部をも含めたものをいうものであること。

(3)　第6号の「架空電路に近接する」とは，電路と足場との距離が上下左右いずれの方向においても，電路の電圧に対して，それぞれ次表〈編注：右の表〉の離隔距離以内にある場合をいうものであること。従って，同号の「電路を移設」とは，この離隔距離以上に離すことをいうものであること。

| 電路の電圧 | 離　隔　距　離 |
|---|---|
| 特別高圧 | 2メートル。ただし，60,000ボルト以上は10,000ボルトまたはその端数を増すごとに20センチメートル増し。 |
| 高　　圧 | 1.2メートル |
| 低　　圧 | 1メートル |

(4)　送電を中止している架空電路，絶縁の完全な電線若しくは電気機器又は電圧の低い電路は，接触通電のおそれが少ないものであるが，万一の場合を考慮して接触防止の措置を講ずるよう指導すること。

（昭和34年2月18日基発第101号）

(5)　第1項第6号の「絶縁用防護具」とは，第349条に規定するものと同じものであること。

(6)　第1項第6号の「装着する等」の「等」には，架空電路と鋼管との接触を防止するための囲いを設けることのほか，足場側に防護壁を設けること等が含まれるものであること。

（昭和44年2月5日基発第59号）

# 第5章 労働基準法（抄）（年少者の就業制限関係）

昭和22年4月7日法律第49号
最終改正：令和2年3月31日法律第14号

年少者労働基準規則
昭和29年6月19日労働省令第13号
最終改正：令和2年12月22日厚生労働省令第203号

## 第6章　年少者

（危険有害業務の就業制限）

**第62条**　使用者は，満18才に満たない者に，運転中の機械若しくは動力伝導装置の危険な部分の掃除，注油，検査若しくは修繕をさせ，運転中の機械若しくは動力伝導装置にベルト若しくはロープの取付け若しくは取りはずしをさせ，動力によるクレーンの運転をさせ，その他厚生労働省令で定める危険な業務に就かせ，又は厚生労働省令で定める重量物を取り扱う業務に就かせてはならない。

②　使用者は，満18才に満たない者を，毒劇薬，毒劇物その他有害な原料若しくは材料又は爆発性，発火性若しくは引火性の原料若しくは材料を取り扱う業務，著しくじんあい若しくは粉末を発散し，若しくは有害ガス若しくは有害放射線を発散する場所又は高温若しくは高圧の場所における業務その他安全，衛生又は福祉に有害な場所における業務に就かせてはならない。

③　前項に規定する業務の範囲は，厚生労働省令で定める。

**年少者労働基準規則**

（年少者の就業制限の範囲）

**第8条**　法第62条第1項の厚生労働省令で定める危険な業務及び同条第2項の規定により満18歳に満たない者を就かせてはならない業務は，次の各号に掲げるものとする。ただし，第41号に掲げる業務は，保健師助産師看護師法（昭和23年法律第203号）により免許を受けた者及び同法による保健師，助産師，看護師又は准看護師の養成中の者については，この限りでない。

1～7　略

8　直流にあつては750ボルトを，交流にあつては300ボルトを超える電圧の充電電路又はその支持物の点検，修理又は操作の業務
9～46　略

【解　説】

〔電路〕
年少則第8条第8号において「電路」とは，電気を通ずるために相互に接続する電気機械器具，配線又は移動電線により構成された回路をいうこと。

〔充電電路〕
年少則第8条第8号において「充電電路」とは，電圧を有する電路をいい，負荷電流が流れていないものを含むこと。
（昭和35年11月22日基発第990号）

# 第6章 安全衛生特別教育規程（抄）

昭和 47 年 9 月 30 日労働省告示第 92 号
最終改正：令和元年 8 月 8 日厚生労働省告示第 83 号

（電気取扱業務に係る特別教育）

**第５条**　安衛則第 36 条第 4 号に掲げる業務のうち，高圧若しくは特別高圧の充電電路又は当該充電電路の支持物の敷設，点検，修理又は操作の業務に係る特別教育は，学科教育及び実技教育により行なうものとする。

②　前項の学科教育は，次の表の上欄〈編注：左欄〉に掲げる科目に応じ，それぞれ，同表の中欄に掲げる範囲について同表の下欄〈編注：右欄〉に掲げる時間以上行なうものとする。

| 科　目 | 範　囲 | 時　間 |
|---|---|---|
| 高圧又は特別高圧の電気に関する基礎知識 | 高圧又は特別高圧の電気の危険性　接近限界距離　短絡　漏電　接地　静電誘導　電気絶縁 | 1.5 時間 |
| 高圧又は特別高圧の電気設備に関する基礎知識 | 発電設備　送電設備　配電設備　変電設備　受電設備　電気使用設備　保守及び点検 | 2 時間 |
| 高圧又は特別高圧用の安全作業用具に関する基礎知識 | 絶縁用保護具（高圧に係る業務を行なう者に限る。）　絶縁用防具（高圧に係る業務を行なう者に限る。）　活線作業用器具　活線作業用装置　検電器　短絡接地器具　その他の安全作業用具管理 | 1.5 時間 |
| 高圧又は特別高圧の活線作業及び活線近接作業の方法 | 充電電路の防護　作業者の絶縁保護　活線作業用器具及び活線作業用装置の取扱い　安全距離の確保　停電電路に対する措置　開閉装置の操作　作業管理　救急処置　災害防止 | 5 時間 |
| 関係法令 | 法，令及び安衛則中〈編注：労働安全衛生法，労働安全衛生法施行令及び労働安全衛生規則〉の関係条項 | 1 時間 |

③　第 1 項の実技教育は，高圧又は特別高圧の活線作業及び活線近接作業の方法について，15 時間以上（充電電路の操作の業務のみを行なう者については，1 時間以上）行なうものとする。

**第６条**　安衛則第 36 条第 4 号に掲げる業務のうち，低圧の充電電路の敷設若しくは修理の業務又は配電盤室，変電室等区画された場所に設置する低圧の電路のうち充電部分が露出している開閉器の操作の業務に係る特別教育は，学科教育及び実技教育により行なうものとする。

② 前項の学科教育は，次の表の上欄〈編注：左欄〉に掲げる科目に応じ，それぞれ，同表の中欄に掲げる範囲について同表の下欄〈編注：右欄〉に掲げる時間以上行なうものとする。

| 科　目 | 範　囲 | 時　間 |
|---|---|---|
| 低圧の電気に関する基礎知識 | 低圧の電気の危険性　短絡　漏電　接地　電気絶縁 | 1時間 |
| 低圧の電気設備に関する基礎知識 | 配電設備　変電設備　配線　電気使用設備　保守及び点検 | 2時間 |
| 低圧用の安全作業用具に関する基礎知識 | 絶縁用保護具　絶縁用防具　活線作業用器具　検電器　その他の安全作業用具　管理 | 1時間 |
| 低圧の活線作業及び活線近接作業の方法 | 充電電路の防護　作業者の絶縁保護　停電電路に対する措置　作業管理　救急処置　災害防止 | 2時間 |
| 関係法令 | 法，令及び安衛則中の関係条項 | 1時間 |

③ 第1項の実技教育は，低圧の活線作業及び活線近接作業の方法について，7時間以上（開閉器の操作の業務のみを行なう者については，1時間以上）行なうものとする。

# 第7章 感電防止用漏電しゃ断装置の接続及び使用の安全基準に関する技術上の指針

昭和49年7月4日技術上の指針公示第3号

労働安全衛生法（昭和47年法律第57号）第28条第1項の規定に基づき，感電防止用漏電しゃ断装置の接続及び使用の安全基準に関する技術上の指針を次のとおり公表する。

## 感電防止用漏電しゃ断装置の接続及び使用の安全基準に関する技術上の指針

### 1　総　則

#### 1-1　趣旨

この指針は，移動式又は可搬式の電動機械器具（電動機を有する機械又は器具をいう。以下同じ。）が接続される電路（商用周波数の交流であって対地電圧300V以下の電路に限る。以下同じ。）に接続する電流動作形の感電防止用漏電しゃ断装置（以下「しゃ断装置」という。）の適正な接続及び使用を図るため，これらに関する留意事項について規定したものである。

#### 1-2　定　義

この指針において，次の各号に掲げる用語の意義は，当該各号に定めるところによる。

(1)　しゃ断装置　漏電検出機構部分及びしゃ断機構，引外し機構等の部分からなり，かつ，これらの部分を同一ケース内に収める装置で，漏電により電動機械器具の金属製外わく，金属製外被等の金属部分に生ずる地絡電流が一定の値に達したときに，一定の作動時間内にその電動機械器具の電路をしゃ断するものをいう。

(2)　定格電流　連続してしゃ断装置の主回路に通電するときの許容電流の値をいう。

(3)　定格感度電流　－10℃以上50℃以下の温度において電圧の変動の範囲を定格電圧の85%から110%までとした場合にしゃ断装置が完全に作動するときの零相変流器の一次側検出地絡電流の値をいう。

(4)　定格不動作電流　－10℃以上50℃以下の温度において電圧の変動の範囲を定格電圧の85%から110%までとした場合にしゃ断装置が全く作動しないときの零相変流器の一次側検出地絡電流の値をいう。

(5)　絶縁抵抗　500Vの絶縁抵抗計を用いて，しゃ断装置の充電部とケースとの間及び各端子間の絶縁抵抗を測定したときの値をいう。

## 2　しゃ断装置の接続

### 2-1　接続の作業を行う者

しゃ断装置の電路への接続の作業は，電気取扱者等（労働安全衛生規則（昭和47年労働省令第32号）第36条第4号の業務に係る特別の教育を受けた者その他これと同等以上の電気に関する知識を有する者をいう。以下同じ。）に行わせること。

### 2-2　電路の電圧

しゃ断装置を接続しようとする電路の電圧は，その変動の範囲がしゃ断装置の定格電圧の85%から110%までとすること。

### 2-3　電路への接続

しゃ断装置の電源側端子及び負荷側端子の電路への接続は，誤りなく行うこと。

### 2-4　電動機械器具の接地

しゃ断装置を接続した場合であっても，電動機械器具の金属製外わく，金属製外被等の金属部分は，接地すること。

### 2-5　共同の接地線を使用する電動機械器具への接続

共同の接地線を使用する複数の電動機械器具には，漏電が波及することを防止するため，それぞれの電動機械器具ごとにしゃ断装置を接続すること。

### 2-6　接続後の作動の確認

接続後，直ちに試験用押しボタンを押してしゃ断装置が確実に作動することを確認すること。

## 3　しゃ断装置の使用

### 3-1　しゃ断装置の極数等

しゃ断装置は，次の表の左欄に掲げる電路の電気方式に応じ，それぞれ同表の右欄に掲げる極数を有し，かつ，当該電路の電圧，電流及び周波数に適合したものを使用すること。

| 電路の電気方式 | しゃ断装置の極数 |
|---|---|
| 3相4線式 | 4極又は4・1極 |
| 3相3線式 | 3極又は3・1極 |
| 単相3線式 | 中性極を表示した3極又は3・1極 |
| 単相2線式 | 2極又は2・1極 |

備考　この表において，4・1極，3・1極又は2・1極とは負荷電流を通ずる極の数が4極，3極又は2極で，かつ，専用の接地極を有することを示すものであること。

### 3-2　しゃ断装置の性能

#### 3-2-1　定格感度電流

しゃ断装置は，これが接続される可搬式又は移動式の電動機械器具の別に応じ，定格感度電流が30mA以下の適正な値のものを使用すること。

#### 3-2-2　定格感度電流と定格不動作電流との差

しゃ断装置は，定格不動電流が定格感度電流の50%以上で，かつ，これらの差ができるだけ小さいものを使用すること。

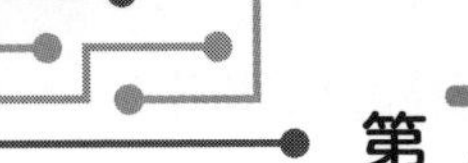



3-2-3　作動時間

しゃ断装置は，作動時間が0.1秒以下のできるだけ短い時間のものを使用すること。

3-2-4　絶縁抵抗

しゃ断装置は，その絶縁抵抗が5MΩ以上のものを使用すること。

3-3　しゃ断機能の協調

しゃ断装置（地絡保護，過負荷保護及び短絡保護兼用のしゃ断装置を除く。）を使用し，かつ，当該しゃ断装置に併せて，過負荷保護装置又は短絡保護装置を取り付ける場合には，これらの装置としゃ断装置とのしゃ断機能の協調を図ること。

3-4　使用場所

(1)　しゃ断装置は，次に掲げる場所において使用すること。ただし，特殊な保護構造を有するしゃ断装置は，これらの場所以外の場所においても使用することができること。

イ　周囲温度が−10℃以上50℃以下である場所

ロ　湿度が90%を超えない場所

ハ　じんあいが著しくない場所

ニ　著しく雨露等にさらされることがない場所

ホ　衝撃又は振動の加わるおそれのない場所

(2)　屋外において継続的に使用するしゃ断装置は，屋外用のものとすること。ただし，屋外用分電盤内に取り付けて使用するものは，この限りでないこと。

3-5　しゃ断装置の作動の確認

次の場合には，試験用押しボタンを押してしゃ断装置が確実に作動することを確認すること。

(1)　電動機械器具のその日の使用を開始しようとする場合

(2)　しゃ断装置が作動した後，再投入しようとする場合

(3)　しゃ断装置が接続されている電路に短絡事故が発生した場合

3-6　しゃ断装置が作動した場合の処置

(1)　しゃ断装置が作動した場合には，電気取扱者等にその作動原因を調べさせること。

(2)　前(1)の作動原因が，接続している電動機械器具又はしゃ断装置の故障によるものである場合には，これらを修復した後でなければ，しゃ断装置を再投入してはならないこと。

3-7　しゃ断装置の目的外使用の禁止

しゃ断装置を電動機械器具の開閉用スイッチの代わりとして使用しないこと。

## 4　定期の検査及び測定

### 4-1　定期の検査

(1)　しゃ断装置については，定期に，次に掲げる事項について検査を行い，その結果を記録すること。

イ　しゃ断装置の定格が，接続している電動機械器具の定格に適合していること。

ロ　端子の電路への接続が確実になされていること。

ハ　電動機械器具の金属製外わく，金属製外被等の金属部分に接地がなされていること。

ニ　通電中のしゃ断装置が異常な音を発していないこと。

ホ　ケースの一部が破損し，又は開閉不能になっていないこと。

(2)　前(1)の検査は，電気取扱者等に行わせること。

(3)　前(1)の検査の実施時期は，しゃ断装置の使用ひん度，設置場所その他使用条件を考慮して決定すること。

### 4-2　定期の測定

(1)　しゃ断装置については，定期に，次の表の左欄に掲げる事項について，それぞれ同表の右欄に掲げる方法により測定を行うこと。

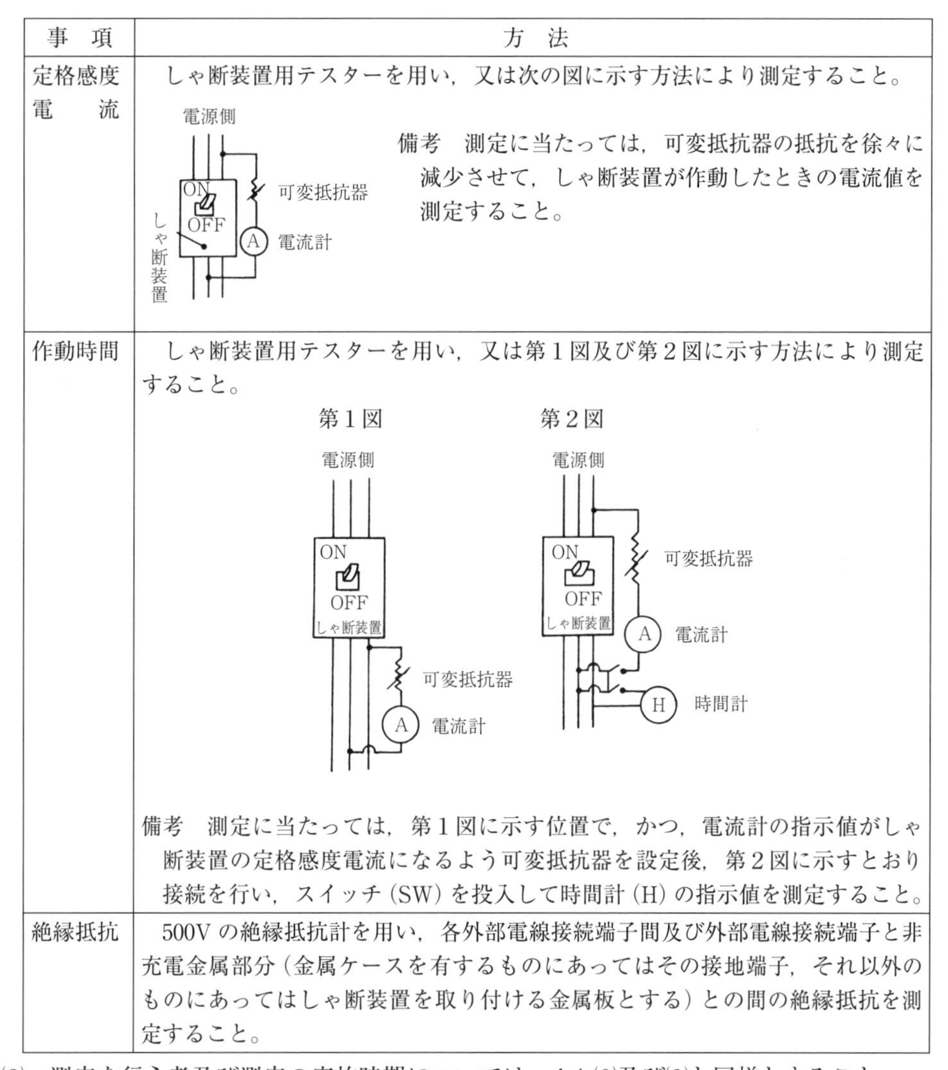


| 事　項 | 方　法 |
|---|---|
| 定格感度電　流 | しゃ断装置用テスターを用い，又は次の図に示す方法により測定すること。<br>備考　測定に当たっては，可変抵抗器の抵抗を徐々に減少させて，しゃ断装置が作動したときの電流値を測定すること。 |
| 作動時間 | しゃ断装置用テスターを用い，又は第1図及び第2図に示す方法により測定すること。<br>第1図　第2図<br>備考　測定に当たっては，第1図に示す位置で，かつ，電流計の指示値がしゃ断装置の定格感度電流になるよう可変抵抗器を設定後，第2図に示すとおり接続を行い，スイッチ（SW）を投入して時間計（H）の指示値を測定すること。 |
| 絶縁抵抗 | 500Vの絶縁抵抗計を用い，各外部電線接続端子間及び外部電線接続端子と非充電金属部分（金属ケースを有するものにあってはその接地端子，それ以外のものにあってはしゃ断装置を取り付ける金属板とする）との間の絶縁抵抗を測定すること。 |

(2)　測定を行う者及び測定の実施時期については，4-1(2)及び(3)と同様とすること。

# 第8章 絶縁用保護具等の規格

昭和47年12月4日労働省告示第144号
最終改正：昭和50年3月29日労働省告示第33号

労働安全衛生法（昭和47年法律第57号）第42条の規定に基づき，絶縁用保護具等の規格を次のように定め，昭和48年1月1日から適用する。

絶縁用保護具等の性能に関する規程（昭和36年労働省告示第8号）は，廃止する。

（絶縁用保護具の構造）

第１条　絶縁用保護具は，着用したときに容易にずれ，又は脱落しない構造のものでなければならない。

（絶縁用保護具の強度等）

第２条　絶縁用保護具は，使用の目的に適合した強度を有し，かつ，品質が均一で，傷，気ほう，巣その他の欠陥のないものでなければならない。

（絶縁用保護具の耐電圧性能等）

第３条　絶縁用保護具は，常温において試験交流（50ヘルツ又は60ヘルツの周波数の交流で，その波高率が，1.34から1.48までのものをいう。以下同じ。）による耐電圧試験を行つたときに，次の表の上欄〈編注：左欄〉に掲げる種別に応じ，それぞれ同表の下欄〈編注：右欄〉に掲げる電圧に対して1分間耐える性能を有するものでなければならない。

| 絶縁用保護具の種別 | 電圧（単位　ボルト） |
|---|---|
| 交流の電圧が300ボルトを超え600ボルト以下である電路について用いるもの | 3,000 |
| 交流の電圧が600ボルトを超え3,500ボルト以下である電路又は直流の電圧が750ボルトを超え，3,500ボルト以下である電路について用いるもの | 12,000 |
| 電圧が3，500ボルトを超え7,000ボルト以下である電路について用いるもの | 20,000 |

②　前項の耐電圧試験は，次の各号のいずれかに掲げる方法により行うものとする。

1　当該試験を行おうとする絶縁用保護具（以下この条において「試験物」という。）を，コロナ放電又は沿面放電により試験物に損傷が生じない限度まで水槽（そう）に浸し，試験物の内外の水位が同一となるようにし，その内外の水中に電極を設け，当該電極に試験交流の電圧を加える方法

2　表面が平滑な金属板の上に試験物を置き，その上に金属板，水を十分に浸潤させた

綿布等導電性の物をコロナ放電又は沿面放電により試験物に損傷が生じない限度に置き，試験物の下部の金属板及び上部の導電性の物を電極として試験交流の電圧を加える方法

3　試験物と同一の形状の電極，水を十分に浸潤させた綿布等導電性の物を，コロナ放電又は沿面放電により試験物に損傷が生じない限度に試験物の内面及び外面に接触させ，内面に接触させた導電性の物と外面に接触させた導電性の物とを電極として試験交流の電圧を加える方法

（絶縁用防具の構造）

**第4条**　絶縁用防具の構造は，次の各号に定めるところに適合するものでなければならない。

1　防護部分に露出箇所が生じないものであること。

2　防護部分からずれ，又は離脱しないものであること。

3　相互に連結して使用するものにあつては，容易に連結することができ，かつ，振動，衝撃等により連結部分から容易にずれ，又は離脱しないものであること。

（絶縁用防具の強度等及び耐電圧性能等）

**第5条**　第2条及び第3条の規定は，絶縁用防具について準用する。

（活線作業用装置の絶縁かご等）

**第6条**　活線作業用装置に用いられる絶縁かご及び絶縁台は，次の各号に定めるところに適合するものでなければならない。

1　最大積載荷重をかけた場合において，安定した構造を有するものであること。

2　高さが2メートル以上の箇所で用いられるものにあつては，囲い，手すりその他の墜落による労働者の危険を防止するための設備を有するものであること。

（活線作業用装置の耐電圧性能等）

**第7条**　活線作業用装置は，常温において試験交流による耐電圧試験を行なつたときに，当該装置の使用の対象となる電路の電圧の2倍に相当する試験交流の電圧に対して5分間耐える性能を有するものでなければならない。

②　前項の耐電圧試験は，当該試験を行なおうとする活線作業用装置（以下この条において「試験物」という。）が活線作業用の保守車又は作業台である場合には活線作業に従事する者が乗る部分と大地との間を絶縁する絶縁物の両端に，試験物が活線作業用のはしごである場合にはその両端の踏さんに，金属箔（はく）その他導電性の物を密着させ，当該導電性の物を電極とし，当該電極に試験交流の電圧を加える方法により行なうものとする。

③　第1項の活線作業用装置のうち，特別高圧の電路について使用する活線作業用の保守車又は作業台については，同項に規定するもののほか，次の式により計算したその漏えい電流の実効値が0.5ミリアンペアをこえないものでなければならない。

$$I = 50 \cdot \frac{Ix}{Fx}$$

（この式において，I，Ix 及び Fx は，それぞれ第1項の試験交流の電圧に至つた場合における次の数値を表わすものとする。
I　計算した漏えい電流の実効値（単位　ミリアンペア）
Ix　実測した漏えい電流の実効値（単位　ミリアンペア）
Fx　試験交流の周波数（単位　ヘルツ））

（活線作業用器具の絶縁棒）

第8条　活線作業用器具は，次の各号に定めるところに適合する絶縁棒（絶縁材料で作られた棒状の部分をいう。）を有するものでなければならない。

1　使用の目的に適応した強度を有するものであること。
2　品質が均一で，傷，気ほう，ひび，割れその他の欠陥がないものであること。
3　容易に変質し，又は耐電圧性能が低下しないものであること。
4　握り部（活線作業に従事する者が作業の際に手でつかむ部分をいう。以下同じ。）と握り部以外の部分との区分が明らかであるものであること。

（活線作業用器具の耐電圧性能等）

第9条　活線作業用器具は，常温において試験交流による耐電圧試験を行つたときに，当該器具の頭部の金物と握り部のうち頭部寄りの部分との間の絶縁部分が，当該器具の使用の対象となる電路の電圧の2倍に相当する試験交流の電圧に対して5分間（活線作業用器具のうち，不良がいし検出器その他電路の支持物の絶縁状態を点検するための器具については，1分間）耐える性能を有するものでなければならない。

②　前項の耐電圧試験は，当該試験を行おうとする活線作業用器具について，握り部のうち頭部寄りの部分に金属箔（はく）その他の導電性の物を密着させ，当該導電性の物と頭部の金物とを電極として試験交流の電圧を加える方法により行うものとする。

（表　示）

第10条　絶縁用保護具，絶縁用防具，活線作業用装置及び活線作業用器具は，見やすい箇所に，次の事項が表示されているものでなければならない。

1　製造者名
2　製造年月
3　使用の対象となる電路の電圧

附　則（略）

# 第9章 絶縁用防護具の規格

昭和47年12月4日労働省告示第145号

労働安全衛生法（昭和47年法律第57号）第42条の規定に基づき，絶縁用防護具の規格を次のように定め，昭和48年1月1日から適用する。

絶縁用防護具に関する規程（昭和44年労働省告示第15号）は，廃止する。

（構　造）

**第１条**　絶縁用防護具の構造は，次に定めるところに適合するものでなければならない。

1　装着したときに，防護部分に露出箇所が生じないものであること。

2　防護部分から移動し，又は離脱しないものであること。

3　線カバー状のものにあつては，相互に容易に連結することができ，かつ，振動，衝撃等により連結部分から容易に離脱しないものであること。

4　がいしカバー状のものにあつては，線カバー状のものと容易に連結することができるものであること。

（材　質）

**第２条**　絶縁用防護具の材質は，次に定めるところに適合するものでなければならない。

1　厚さが2ミリメートル以上であること。

2　品質が均一であり，かつ，容易に変質し，又は燃焼しないものであること。

（耐電圧性能）

**第３条**　絶縁用防護具は，常温において試験交流（周波数が50ヘルツ又は60ヘルツの交流で，その波高率が1.34から1.48までのものをいう。以下同じ。）による耐電圧試験を行なつたときに，次の表の上欄〈編注：左欄〉に掲げる種別に応じ，それぞれ同表の下欄〈編注：右欄〉に掲げる電圧に対して1分間耐える性能を有するものでなければならない。

| 絶縁用防護具の種別 | 試験交流の電圧（単位　ボルト） |
|---|---|
| 低圧の電路について用いるもの | 1,500 |
| 高圧の電路について用いるもの | 15,000 |

②　高圧の電路について用いる絶縁用防護具のうち線カバー状のものにあつては，前項に定めるもののほか，日本工業規格〈編注：現在は日本産業規格〉C0920（電気機械器具及び配線材料の防水試験通則）に定める防雨形の散水試験の例により散水した直後の状態で，試験交流による耐電圧試験を行なつたときに，10,000ボルトの試験交流の電圧に対して，常温において1分間耐える性能を有するものでなければならない。

（耐電圧試験）

第４条　前条の耐電圧試験は，次に定める方法により行なうものとする。

1　線カバー状又はがいしカバー状の絶縁用防護具にあつては，当該絶縁用防護具と同一の形状の電極，水を十分に浸潤させた綿布等導電性の物を，コロナ放電又は沿面放電が生じない限度に当該絶縁用防護具の内面及び外面に接触させ，内面及び外面に接触させた導電性の物を電極として試験交流の電圧を加える方法

2　シート状の絶縁用防護具にあつては，表面が平滑な金属板の上に当該絶縁用防護具を置き，当該絶縁用防護具に金属板，水を十分に浸潤させた綿布等導電性の物をコロナ放電又は沿面放電が生じない限度に重ね，当該絶縁用防護具の下部の金属板及び上部の導電性の物を電極として試験交流の電圧を加える方法

②　線カバー状の絶縁用防護具にあつては，前項第１号に定める方法による耐電圧試験は，管の全長にわたり行ない，かつ，管の連結部分については，管を連結した状態で行なうものとする。

（表　示）

第５条　絶縁用防護具は，見やすい箇所に，対象とする電路の使用電圧の種別を表示したものでなければならない。

# 参考資料1　関係法令についての補足

## (1) 電気取扱者特別教育と作業資格

労働安全衛生法第59条第3項により，事業者は危険または有害な業務に労働者をつかせるときは，当該業務に関する安全または衛生のための特別の教育を行わなければならない。電気取扱業務に関する特別教育については，労働安全衛生規則第36条第4号で規定されている。

一方で，作業を行う上で別途，国家資格（電気工事士）が必要な場合があり，そのほか，事業場において作業者に国家検定（職業能力開発促進法に基づく技能検定など）や公的資格，民間資格，内部資格などの合格・取得を課していたり，奨励している場合もある。それらの関係を以下に示すとともに，電気工事士免状に関する法令の抜粋（概要）を示す。

| 業務に従事する際の安全または衛生のための特別の教育（労働安全衛生法） | 作業を行うための資格等 |
|---|---|
| 電路の電圧により，<br>直流750V・交流600V以下：低圧電気取扱者特別教育<br>上記を超える電圧：高圧・特別高圧電気取扱者特別教育 | ・必要に応じ電気工事士（電気工事士法）：下の法令抜粋を参照。<br>・別途，事業場で課されている検定・資格など |

○　電気工事士法（昭和35年法律第139号，最終改正：令和2年法律第49号）

※　下線部のうち，「政令」は電気工事士法施行令を，「経済産業省令」は電気工事士法施行規則を参照。

（用語の定義）

**第2条**　この法律において「一般用電気工作物」とは，電気事業法（昭和39年法律第170号）第38条第1項に規定する一般用電気工作物をいう。

②　この法律において「自家用電気工作物」とは，電気事業法第38条第3項に規定する自家用電気工作物（発電所，変電所，最大電力500キロワット以上の需要設備（電気を使用するために，その使用の場所と同一の構内（発電所又は変電所の構内を除く。）に設置する電気工作物（同法第2条第1項第18号に規定する電気工作物をいう。）の総合体をいう。）その他の経済産業省令で定めるものを除く。）をいう。

③　この法律において「電気工事」とは，一般用電気工作物又は自家用電気工作物を設置し，又は変更する工事をいう。ただし，政令で定める軽微な工事を除く。

④　この法律において「電気工事士」とは，次条第1項に規定する第一種電気工事士及び同条第2項に規定する第二種電気工事士をいう。

（電気工事士等）

**第3条**　第一種電気工事士免状の交付を受けている者（以下「第一種電気工事士」という。）でなければ，自家用電気工作物に係る電気工事（第3項に規定する電気工事を除く。第

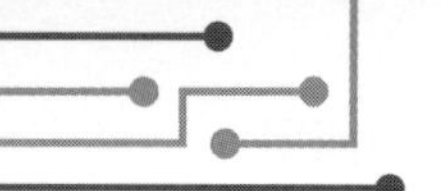


4項において同じ。）の作業（自家用電気工作物の保安上支障がないと認められる作業であつて，経済産業省令で定めるものを除く。）に従事してはならない。

② 第一種電気工事士又は第二種電気工事士免状の交付を受けている者（以下「第二種電気工事士」という。）でなければ，一般用電気工作物に係る電気工事の作業（一般用電気工作物の保安上支障がないと認められる作業であつて，経済産業省令で定めるものを除く。以下同じ。）に従事してはならない。

③・④ 略

## ○ 電気工事士法施行令（昭和35年政令第260号，最終改正：令和元年政令第183号）

（軽微な工事）

第１条 電気工事士法（以下「法」という。）第2条第3項ただし書の政令で定める軽微な工事は，次のとおりとする。

1 電圧600ボルト以下で使用する差込み接続器，ねじ込み接続器，ソケット，ローゼットその他の接続器又は電圧600ボルト以下で使用するナイフスイッチ，カットアウトスイッチ，スナップスイッチその他の開閉器にコード又はキャブタイヤケーブルを接続する工事

2 電圧600ボルト以下で使用する電気機器（配線器具を除く。以下同じ。）又は電圧600ボルト以下で使用する蓄電池の端子に電線（コード，キャブタイヤケーブル及びケーブルを含む。以下同じ。）をねじ止めする工事

3 電圧600ボルト以下で使用する電力量計若しくは電流制限器又はヒューズを取り付け，又は取り外す工事

4 電鈴，インターホーン，火災感知器，豆電球その他これらに類する施設に使用する小型変圧器（二次電圧が36ボルト以下のものに限る。）の二次側の配線工事

5 電線を支持する柱，腕木その他これらに類する工作物を設置し，又は変更する工事

6 地中電線用の暗渠（きょ）又は管を設置し，又は変更する工事

## ○ 電気工事士法施行規則（昭和35年通商産業省令第97号，最終改正：令和3年経済産業省令第21号）

（軽微な作業）

第２条 法第3条第1項の自家用電気工作物の保安上支障がないと認められる作業であつて，経済産業省令で定めるものは，次のとおりとする。

1 次に掲げる作業以外の作業

イ 電線相互を接続する作業（電気さく（定格一次電圧300ボルト以下であつて感電により人体に危害を及ぼすおそれがないように出力電流を制限することができる電気さく用電源装置から電気を供給されるものに限る。以下同じ。）の電線を接続するものを除く。）

ロ　がいしに電線（電気さくの電線及びそれに接続する電線を除く。ハ，ニ及びチにおいて同じ。）を取り付け，又はこれを取り外す作業

ハ　電線を直接造営材その他の物件（がいしを除く。）に取り付け，又はこれを取り外す作業

ニ　電線管，線樋（び），ダクトその他これらに類する物に電線を収める作業

ホ　配線器具を造営材その他の物件に取り付け，若しくはこれを取り外し，又はこれに電線を接続する作業（露出型点滅器又は露出型コンセントを取り換える作業を除く。）

ヘ　電線管を曲げ，若しくはねじ切りし，又は電線管相互若しくは電線管とボックスその他の附属品とを接続する作業

ト　金属製のボックスを造営材その他の物件に取り付け，又はこれを取り外す作業

チ　電線，電線管，線樋（び），ダクトその他これらに類する物が造営材を貫通する部分に金属製の防護装置を取り付け，又はこれを取り外す作業

リ　金属製の電線管，線樋（び），ダクトその他これらに類する物又はこれらの附属品を，建造物のメタルラス張り，ワイヤラス張り又は金属板張りの部分に取り付け，又はこれらを取り外す作業

ヌ　配電盤を造営材に取り付け，又はこれを取り外す作業

ル　接地線（電気さくを使用するためのものを除く。以下この条において同じ。）を自家用電気工作物（自家用電気工作物のうち最大電力500キロワット未満の需要設備において設置される電気機器であつて電圧600ボルト以下で使用するものを除く。）に取り付け，若しくはこれを取り外し，接地線相互若しくは接地線と接地極（電気さくを使用するためのものを除く。以下この条において同じ。）とを接続し，又は接地極を地面に埋設する作業

ヲ　電圧600ボルトを超えて使用する電気機器に電線を接続する作業

2　第一種電気工事士が従事する前号イからヲまでに掲げる作業を補助する作業

②　法第3条第2項の一般用電気工作物の保安上支障がないと認められる作業であつて，経済産業省令で定めるものは，次のとおりとする。

1　次に掲げる作業以外の作業

イ　前項第1号イからヌまで及びヲに掲げる作業

ロ　接地線を一般用電気工作物（電圧600ボルト以下で使用する電気機器を除く。）に取り付け，若しくはこれを取り外し，接地線相互若しくは接地線と接地極とを接続し，又は接地極を地面に埋設する作業

2　電気工事士が従事する前号イ及びロに掲げる作業を補助する作業

## ○　電気事業法（昭和39年法律第170号，最終改正：令和2年法律第49号）

※　下線部のうち，「政令」は電気事業法施行令を，「経済産業省令」は電気事業法施行規則を参照。

（定義）

**第2条**　この法律において，次の各号に掲げる用語の意義は，当該各号に定めるところ

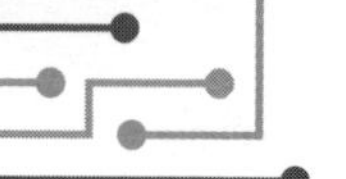



による。

1～17　略

18　電気工作物　発電，変電，送電若しくは配電又は電気の使用のために設置する機械，器具，ダム，水路，貯水池，電線路その他の工作物（船舶，車両又は航空機に設置されるものその他の政令で定めるものを除く。）をいう。

②・③　略

第38条　この法律において「一般用電気工作物」とは，次に掲げる電気工作物をいう。ただし，小出力発電設備（経済産業省令で定める電圧以下の電気の発電用の電気工作物であつて，経済産業省令で定めるものをいう。以下この項，第106条第7項及び第107条第5項において同じ。）以外の発電用の電気工作物と同一の構内（これに準ずる区域内を含む。以下同じ。）に設置するもの又は爆発性若しくは引火性の物が存在するため電気工作物による事故が発生するおそれが多い場所であつて，経済産業省令で定めるものに設置するものを除く。

1　他の者から経済産業省令で定める電圧以下の電圧で受電し，その受電の場所と同一の構内においてその受電に係る電気を使用するための電気工作物（これと同一の構内に，かつ，電気的に接続して設置する小出力発電設備を含む。）であつて，その受電のための電線路以外の電線路によりその構内以外の場所にある電気工作物と電気的に接続されていないもの

2　構内に設置する小出力発電設備（これと同一の構内に，かつ，電気的に接続して設置する電気を使用するための電気工作物を含む。）であつて，その発電に係る電気を前号の経済産業省令で定める電圧以下の電圧で他の者がその構内において受電するための電線路以外の電線路によりその構内以外の場所にある電気工作物と電気的に接続されていないもの

3　前二号に掲げるものに準ずるものとして経済産業省令で定めるもの

②　この法律において「事業用電気工作物」とは，一般用電気工作物以外の電気工作物をいう。

③　この法律において「自家用電気工作物」とは，次に掲げる事業の用に供する電気工作物及び一般用電気工作物以外の電気工作物をいう。

1　一般送配電事業

2　送電事業

3　特定送配電事業

4　発電事業であつて，その事業の用に供する発電用の電気工作物が主務省令で定める要件に該当するもの

### ○　電気事業法施行令（昭和40年政令第206号，最終改正：令和2年政令第186号）

（電気工作物から除かれる工作物）

第1条　電気事業法（以下「法」という。）第2条第1項第18号の政令で定める工作物は，

次のとおりとする。

1　鉄道営業法（明治33年法律第65号），軌道法（大正10年法律第76号）若しくは鉄道事業法（昭和61年法律第92号）が適用され若しくは準用される車両若しくは搬器，船舶安全法（昭和8年法律第11号）が適用される船舶，陸上自衛隊の使用する船舶（水陸両用車両を含む。）若しくは海上自衛隊の使用する船舶又は道路運送車両法（昭和26年法律第185号）第2条第2項に規定する自動車に設置される工作物であつて，これらの車両，搬器，船舶及び自動車以外の場所に設置される電気的設備に電気を供給するためのもの以外のもの

2　航空法（昭和27年法律第231号）第2条第1項に規定する航空機に設置される工作物

3　前二号に掲げるもののほか，電圧30ボルト未満の電気的設備であつて，電圧30ボルト以上の電気的設備と電気的に接続されていないもの

○　電気事業法施行規則（平成7年通商産業省令第77号，最終改正：令和3年経済産業省令第12号）

（一般用電気工作物の範囲）

第48条　法第38条第1項の経済産業省令で定める電圧は，600ボルトとする。

②　法第38条第1項の経済産業省令で定める発電用の電気工作物は，次のとおりとする。ただし，次の各号に定める設備であって，同一の構内に設置する次の各号に定める他の設備と電気的に接続され，それらの設備の出力の合計が50キロワット以上となるものを除く。

1～6　略〈編注：出力が50キロワット未満の太陽電池発電設備等〉

③　法第38条第1項の経済産業省令で定める場所は，次のとおりとする。

1・2　略〈編注：火薬類製造事業場および石炭坑〉

④　法第38条第1項第1号の経済産業省令で定める電圧は，600ボルトとする。

## (2) 元方事業者，注文者，請負人等の講ずべき措置の概要

労働安全衛生法上の規定の概要は次のとおりである。

○　労働安全衛生法

（元方事業者の講ずべき措置等）

第29条　元方事業者は，関係請負人及び関係請負人の労働者が，当該仕事に関し，この法律又はこれに基づく命令の規定に違反しないよう必要な指導を行なわなければならない。

②　元方事業者は，関係請負人又は関係請負人の労働者が，当該仕事に関し，この法律又はこれに基づく命令の規定に違反していると認めるときは，是正のため必要な指示を行なわなければならない。

③　前項の指示を受けた関係請負人又はその労働者は，当該指示に従わなければならない。

第29条の2　建設業に属する事業の元方事業者は，土砂等が崩壊するおそれのある場所，機械等が転倒するおそれのある場所その他の厚生労働省令で定める場所〈編注：架空電線の充電電路に近接する場所であつて，当該充電電路に労働者の身体等が接触し，又は接近することにより感電の危険が生ずるおそれのあるものなど〉において関係請負人の労働者が当該事業の仕事の作業を行うときは，当該関係請負人が講ずべき当該場所に係る危険を防止するための措置が適正に講ぜられるように，技術上の指導その他の必要な措置を講じなければならない。

（特定元方事業者等の講ずべき措置）

第30条　特定元方事業者〈編注：元方事業者のうち建設業および造船業の事業を行う者〉は，その労働者及び関係請負人の労働者の作業が同一の場所において行われることによつて生ずる労働災害を防止するため，次の事項に関する必要な措置を講じなければならない。

1　協議組織の設置及び運営を行うこと。

2　作業間の連絡及び調整を行うこと。

3　作業場所を巡視すること。

4　関係請負人が行う労働者の安全又は衛生のための教育に対する指導及び援助を行うこと。

5　仕事を行う場所が仕事ごとに異なることを常態とする業種で，厚生労働省令で定めるもの〈編注：建設業〉に属する事業を行う特定元方事業者にあつては，仕事の工程に関する計画及び作業場所における機械，設備等の配置に関する計画を作成するとともに，当該機械，設備等を使用する作業に関し関係請負人がこの法律又はこれに基づく命令の規定に基づき講ずべき措置についての指導を行うこと。

6　前各号に掲げるもののほか，当該労働災害を防止するため必要な事項

②～④　略

第30条の2　製造業その他政令で定める業種〈編注：いまのところ定めなし〉に属する事業（特定事業を除く。）の元方事業者は，その労働者及び関係請負人の労働者の作業が同一の場所において行われることによつて生ずる労働災害を防止するため，作業間の連絡及び調整を行うことに関する措置その他必要な措置を講じなければならない。

②～④　略

（注文者の講ずべき措置）

第31条　特定事業〈編注：建設業および造船業の事業〉の仕事を自ら行う注文者は，建設物，設備又は原材料（以下「建設物等」という。）を，当該仕事を行う場所においてその請負人（当該仕事が数次の請負契約によつて行われるときは，当該請負人の請負契約の後次のすべての請負契約の当事者である請負人を含む。第31条の4において同じ。）の労働者に使用させるときは，当該建設物等について，当該労働者の労働災害を防止するため必要な措置を講じなければならない。

②　前項の規定は，当該事業の仕事が数次の請負契約によつて行なわれることにより同一の建設物等について同項の措置を講ずべき注文者が2以上あることとなるときは，

後次の請負契約の当事者である注文者については，適用しない。

（違法な指示の禁止）

第31条の4　注文者は，その請負人に対し，当該仕事に関し，その指示に従つて当該請負人の労働者を労働させたならば，この法律又はこれに基づく命令の規定に違反することとなる指示をしてはならない。

（請負人の講ずべき措置等）

第32条　第30条第1項又は第4項の場合において，同条第1項に規定する措置を講ずべき事業者以外の請負人で，当該仕事を自ら行うものは，これらの規定により講ぜられる措置に応じて，必要な措置を講じなければならない。

②　第30条の2第1項又は第4項の場合において，同条第1項に規定する措置を講ずべき事業者以外の請負人で，当該仕事を自ら行うものは，これらの規定により講ぜられる措置に応じて，必要な措置を講じなければならない。

③～⑦　略

（機械等貸与者等の講ずべき措置等）

第33条　機械等で，政令で定めるもの〈編注：作業床の高さが2メートル以上となる高所作業車など〉を他の事業者に貸与する者で，厚生労働省令で定めるもの（以下「機械等貸与者」という。）は，当該機械等の貸与を受けた事業者の事業場における当該機械等による労働災害を防止するため必要な措置を講じなければならない。

②・③　略

（ガス工作物等設置者の義務）

第102条　ガス工作物その他政令で定める工作物〈編注：電気工作物など〉を設けている者は，当該工作物の所在する場所又はその附近で工事その他の仕事を行なう事業者から，当該工作物による労働災害の発生を防止するためにとるべき措置についての教示を求められたときは，これを教示しなければならない。

## ○　労働安全衛生規則

（電動機械器具についての措置）

第649条　注文者は，法第31条第1項の場合において，請負人の労働者に電動機を有する機械又は器具（以下この条において「電動機械器具」という。）で，対地電圧が150ボルトをこえる移動式若しくは可搬式のもの又は水等導電性の高い液体によつて湿潤している場所その他鉄板上，鉄骨上，定盤上等導電性の高い場所において使用する移動式若しくは可搬式のものを使用させるときは，当該電動機械器具が接続される電路に，当該電路の定格に適合し，感度が良好であり，かつ，確実に作動する感電防止用漏電しや断装置を接続しなければならない。

②　前項の注文者は，同項に規定する措置を講ずることが困難なときは，電動機械器具の金属性外わく，電動機の金属製外被等の金属部分を，第333条第2項各号に定めるところにより接地できるものとしなければならない。

## (3) 交流アーク溶接機用自動電撃防止装置構造規格

昭和47年12月4日労働省告示第143号
最終改正：平成23年3月25日厚生労働省告示第74号

### 第1章　定　格

（定格周波数）

第1条　交流アーク溶接機用自動電撃防止装置（以下「装置」という。）の定格周波数は，50ヘルツ又は60ヘルツでなければならない。ただし，広範囲の周波数を定格周波数とする装置については，この限りでない。

（定格入力電圧）

第2条　装置の定格入力電圧は，次の表の上欄〈編注：左欄〉に掲げる装置の区分に従い，同表の下欄〈編注：右欄〉に定めるものでなければならない。

| 装　置　の　区　分 | | 定格電源電圧 |
|---|---|---|
| 入力電源を交流アーク溶接機の入力側からとる装置 | 定格周波数が50ヘルツのもの | 100ボルト又は200ボルト |
| | 定格周波数が60ヘルツのもの | 100ボルト，200ボルト又は220ボルト |
| 入力電源を交流アーク溶接機の出力側からとる装置 | 出力側の定格電流が400アンペア以下である交流アーク溶接機に接続するもの | 上限値が85ボルト以下で，かつ，下限値が60ボルト以上 |
| | 出力側の定格電流が400アンペアを超え，500アンペア以下である交流アーク溶接機に接続するもの | 上限値が95ボルト以下で，かつ，下限値が70ボルト以上 |

（定格電流）

第3条　装置の定格電流は，主接点を交流アーク溶接機の入力側に接続する装置にあつては当該交流アーク溶接機の定格出力時の入力側の電流以上，主接点を交流アーク溶接機の出力側に接続する装置にあつては当該交流アーク溶接機の定格出力電流以上でなければならない。

（定格使用率）

第4条　装置の定格使用率（定格周波数及び定格入力電圧において定格電流を断続負荷した場合の負荷時間の合計と当該断続負荷に要した全時間と比の百分率をいう。以下同じ。）は，当該装置に係る交流アーク溶接機の定格使用率以上でなければならない。

### 第2章　構　造

（構　造）

第5条　装置の構造は，次の各号に定めるところに適合するものでなければならない。

1　労働者が安全電圧（装置を作動させ，交流アーク溶接機のアークの発生を停止させ，装置の主接点が開路された場合における溶接棒と被溶接物との間の電圧をいう。以下同じ。）の遅動時間（装置を作動させ，交流アーク溶接機のアークの発生を停止させた時から主接点が開路される時までの時間をいう。以下同じ。）及び始動感度（交流アーク溶接機を始動させることができる装置の出力回路の抵抗の最大値をいう。以下同じ。）を容易に変更できないものであること。

2　装置の接点，端子，電磁石，可動鉄片，継電器その他の主要構造部分のボルト又は小ねじは，止めナット，ばね座金，舌付座金又は割ピンを用いる等の方法によりゆるみ止めをしたものであること。

3　外箱より露出している充電部分には絶縁覆いが設けられているものであること。

4　次のイからへまでに定めるところに適合する外箱を備えているものであること。ただし，内蔵形の装置（交流アーク溶接機の外箱内に組み込んで使用する装置をいう。以下同じ。）であつて，当該装置を組み込んだ交流アーク溶接機が次のイからホまでに定めるところに適合する外箱を備えているものにあつては，この限りでない。

イ　丈夫な構造のものであること。

ロ　水又は粉じんの侵入により装置の機能に障害が生ずるおそれのないものであること。

ハ　外部から装置の作動状態を判別することができる点検用スイッチ及び表示灯を有するものであること。

ニ　衝撃等により容易に開かない構造のふたを有するものであること。

ホ　金属製のものにあつては，接地端子を有するものであること。

ヘ　外付け形の装置（交流アーク溶接機に外付けして使用する装置をいう。以下同じ。）に用いられるものにあつては，容易に取り付けることができる構造のものであり，かつ，取付方向に指定がある物にあつては，取付方向が表示されているものであること。

（口出線）

**第6条**　外付け形の装置と交流アーク溶接機を接続するための口出線は，次の各号に定めるところに適合するものでなければならない。

1　十分な強度，耐久性及び絶縁性能を有するものであること。

2　交換可能なものであること。

3　接続端子に外部からの張力が直接かかりにくい構造のものであること。

（強制冷却機能の異常による危険防止措置）

**第7条**　強制冷却の機能を有する装置は，当該機能の異常による危険を防止する措置が講じられているものでなければならない。

（保護用接点）

**第8条**　主接点に半導体素子を用いた装置は，保護用接点（主接点の短絡による故障が生じた場合に交流アーク溶接機の主回路を開放する接点をいう。以下同じ。）を有するものでなければならない。

（コンデンサー開閉用接点）

**第9条**　コンデンサーを有する交流アーク溶接機に使用する装置であつて，当該コンデンサーによつて誤作動し，又は主接点に支障を及ぼす電流が流れるおそれのあるものは，コンデンサー開閉用接点を有するものでなければならない。

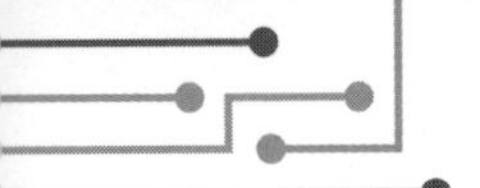



第３章　性　能

（入力電圧の変動）

第10条　装置は，定格入力電圧の85パーセントから110パーセントまで（入力電源を交流アーク溶接機の出力側からとる装置にあつては，定格入力電圧の下限値の85パーセントから定格入力電圧の上限値の110パーセントまで）の範囲で有効に作動するものでなければならない。

（周囲温度）

第11条　装置は，周囲の温度が40度から零下10度までの範囲で有効に作動するものでなければならない。

（安全電圧）

第12条　装置の安全電圧は，30ボルト以下でなければならない。

（遅動時間）

第13条　装置の遅動時間は，1.5秒以内でなければならない。

（始動感度）

第13条の２　装置の始動感度は，260オーム以下でなければならない。

（耐衝撃性）

第14条　装置は，衝撃についての試験において，その機能に障害を及ぼす変形又は破損を生じないものでなければならない。

②　前項の衝撃についての試験は，装置に通電しない状態で，外付け形の装置にあつては装置単体で突起物のない面を下にして高さ30センチメートルの位置から，内蔵形の装置にあつては交流アーク溶接機に組み込んだ状態での質量が25キログラム以下のものは高さ25センチメートル，25キログラムを超えるものは高さ10センチメートルの位置から，コンクリート上又は鋼板上に３回落下させて行うものとする。

（絶縁抵抗）

第15条　装置は，絶縁抵抗についての試験において，その値が２メガオーム以上でなければならない。

②　前項の絶縁抵抗についての試験は，装置の各充電部分と外箱（内蔵形の装置にあつては，交流アーク溶接機の外箱。次条第２項において同じ。）との間の絶縁抵抗を500ボルト絶縁抵抗計により測定するものとする。

（耐電圧）

第16条　装置は，耐電圧についての試験において，試験電圧に対して１分間耐える性能を有するものでなければならない。

②　前項の耐電圧についての試験は，装置の各充電部分と外箱との間（入力電源を交流アーク溶接機の入力側からとる装置にあつては，当該装置の各充電部分と外箱との間及び当該装置の入力側と出力側との間。次項において同じ。）に定格周波数の正弦波に近い波形の試験電圧を加えて行うものとする。

③　前二項の試験電圧は，定格入力電圧において装置の各充電部分と外箱との間に加わる電圧の実効値の２倍の電圧に1,000ボルトを加えて得た電圧（当該加えて得た電圧が1,500ボルトに満たない場合にあつては，1,500ボルトの電圧）とする。

（温度上昇限度）

第 17 条　装置の接点（半導体素子を用いたものを除く。以下この項において同じ。）及び巻線の温度上昇限度は，温度についての試験において，次の表の上欄（編注：左欄）に掲げる装置の部分に応じ，それぞれ同表の下欄（編注：右欄）に掲げる値以下でなければならない。

| 装置の部分 | | 温度上昇限度の値（単位　度） | |
|---|---|---|---|
| | | 温度計法による場合 | 抵抗法による場合 |
| 接点 | 銅又は銅合金によるもの | 45 | — |
| | 銀又は銀合金によるもの | 75 | — |
| 巻線 | A 種絶縁によるもの | 65 | 85 |
| | E 種絶縁によるもの | 80 | 100 |
| | B 種絶縁によるもの | 90 | 110 |
| | F 種絶縁によるもの | 115 | 135 |
| | H 種絶縁によるもの | 140 | 160 |

②　半導体素子を用いた装置の接点の温度上昇限度は，温度についての試験において，当該半導体素子の最高許容温度（当該半導体素子の機能に障害が生じないものとして定められた温度の上限値をいう。）以下でなければならない。

③　前二項の温度についての試験は，外付け形の装置にあつては装置を交流アーク溶接機に取り付けた状態と同一の状態で，内蔵形の装置にあつては装置を組み込んだ交流アーク溶接機にも通電した状態で，当該装置の定格周波数及び定格入力電圧において，接点及び巻線の温度が一定となるまで，10 分間を周期として，定格使用率に応じて定格電流を断続負荷して行うものとする。ただし，接点の温度についての試験については，定格入力電圧より低い電圧において，又は接点を閉路した状態で行うことができる。

（接点の作動性）

第 18 条　装置の接点（保護用接点を除く。以下この条において同じ。）は，装置を交流アーク溶接機に取り付け，又は組み込んで行う作動についての試験において，溶着その他の損傷又は異常な作動を生じないものでなければならない。

②　前項の作動についての試験は，装置の定格周波数及び定格入力電圧において，装置を取り付け，又は組み込んだ交流アーク溶接機の出力電流を定格出力電流の値の 110 パーセント（当該交流アーク溶接機の出力電流の最大値が定格出力電流の値の 110 パーセント未満である場合にあつては，当該最大値）になるように調整し，かつ，6 秒間を周期として当該交流アーク溶接機に断続負荷し，装置を 2 万回作動させて行うものとする。

第 19 条　保護用接点は，装置を交流アーク溶接機に取り付け，又は組み込んで行う作動についての試験において，1.5 秒以内に作動し，かつ，異常な作動を生じないものでなければならない。

②　前項の作動についての試験は，第 17 条第 2 項の温度についての試験を行つた後速やかに，装置の定格周波数において，定格入力電圧，定格入力電圧の 85 パーセントの電圧及び定格入力電圧の 110 パーセントの電圧（以下この項において「定格入力電圧等」

という。）を加えた後主接点を短絡させる方法及び主接点を短絡させた後定格入力電圧等を加える方法により，装置をそれぞれ10回ずつ作動させて行うものとする。

第4章　雑　則

（表　示）

第20条　装置は，その外箱（内蔵形の装置にあつては，装置を組み込んだ交流アーク溶接機の外箱）に，次に掲げる事項が表示されているものでなければならない。

1　製造者名
2　製造年月
3　定格周波数
4　定格入力電圧
5　定格電流
6　定格使用率
7　安全電圧
8　標準始動感度（定格入力電圧における始動感度をいう。）
9　外付け形の装置にあつては，次に掲げる事項
　イ　装置を取り付けることができる交流アーク溶接機に係る次に掲げる事項
　　(1)　定格入力電圧
　　(2)　出力側無負荷電圧（交流アーク溶接機のアークの発生を停止させた場合における溶接棒と被溶接物との間の電圧をいう。）の範囲
　　(3)　主接点を交流アーク溶接機の入力側に接続する装置にあつては定格出力時の入力側の電流，主接点を交流アーク溶接機の出力側に接続する装置にあつては定格出力電流
　ロ　コンデンサーを有する交流アーク溶接機に取り付けることができる装置にあつては，その旨
　ハ　ロに掲げる装置のうち，主接点を交流アーク溶接機の入力側に接続する装置にあつては，当該交流アーク溶接機のコンデンサーの容量の範囲及びコンデンサー回路の電圧

（特殊な装置等）

第21条　特殊な構造の装置で，厚生労働省労働基準局長が第1条から第19条までの規定に適合するものと同等以上の性能があると認めたものについては，この告示の関係規定は，適用しない。

附　則　（平成23年　厚生労働省告示第74号）

1　この告示は，平成23年6月1日から適用する。

2　平成23年6月1日において，現に製造している交流アーク溶接機用自動電撃防止装置（以下「装置」という。）若しくは現に存する装置又は現に労働安全衛生法第44条の2第1項若しくは第2項又は第44条の3第2項の検定に合格している型式の装置（当該型式に係る型式検定合格証の有効期間内に製造し，又は輸入するものに限

る。）の規格については，なお従前の例による。

### (4) 交流アーク溶接機用自動電撃防止装置の接続及び使用の安全基準に関する技術上の指針

平成 23 年 6 月 1 日技術上の指針公示第 18 号

労働安全衛生法第 28 条第 1 項の規定に基づき，交流アーク溶接機用自動電撃防止装置の接続及び使用の安全基準に関する技術上の指針を次のように定める。

1　総　則

1-1　趣旨

この指針は，交流アーク溶接機用自動電撃防止装置（以下「電防装置」という。）の適正な接続及び使用を図るため，これらに関する留意事項について規定したものである。ただし，交流アーク溶接機（以下「溶接機」という。）の外箱内に組み込まれた電防装置については，この指針中 2-1，3，5-1 (1)から(3)まで及び 6 (1)イからハまでの規定は，適用しない。

1-2　用語の定義

この指針において，次の各号に掲げる用語の定義は，それぞれ当該各号に定めるところによる。

(1)　電防装置　溶接機を用いて金属の溶接（自動溶接を除く。），溶断等の作業を行うときに使用される装置であって，溶接機の主回路を制御する主接点及び制御回路等を備え，溶接機の出力側無負荷電圧を自動的に 30V 以下の安全電圧に低下させるように作動するものをいう。

(2)　主接点　溶接機の主回路の一部を形成し，電防装置の作動により電気的に開閉する部分をいう。具体的には，電磁接触器又は半導体素子が用いられる。

(3)　遅動時間　溶接機のアークの発生を停止させたときから電防装置の主接点が開路されるときまでの時間をいう。

(4)　安全電圧　溶接機のアークの発生を停止させ，電防装置の主接点が開路された場合に溶接棒と被溶接物との間に生ずる電圧をいう。

(5)　始動感度　電防装置を始動させることのできる電防装置の出力回路の抵抗の最大値をいう。

(6)　標準始動感度　定格入力電圧における始動感度をいい，電防装置の銘板に記された値である。

(7)　定格使用率　定格周波数及び定格入力電圧において定格電流を断続負荷した場合の負荷時間の合計と当該断続負荷に要した全時間との比の百分率をいう。

(8)　表示灯　外部から電防装置の作動状態を判別するためのランプをいう。

(9)　点検用スイッチ　電防装置の主接点の作動状態を点検するためのスイッチをいう。

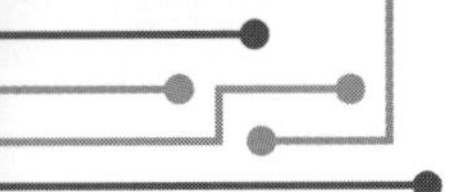



2 電防装置の選定

2-1 溶接機の種類及び定格等に応じた電防装置の選定

2-1-1 溶接機の種類に応じた電防装置の選定

電防装置は，次に掲げる当該電防装置を取り付ける溶接機（以下「取付溶接機」という。）の種類に応じ，それぞれに適合した構造のものを選定すること。

(1) コンデンサー内蔵形の溶接機（電源側に力率改善のためのコンデンサーを内蔵している溶接機をいう。）

(2) コンデンサーを内蔵していない溶接機（電源側に力率改善のためのコンデンサーを内蔵していない溶接機をいう。）

2-1-2 取付溶接機の定格等に応じた電防装置の選定

電防装置は，次に定めるところにより，取付溶接機の定格等に適合した定格等を有するものを選定すること。

(1) 定格入力電圧

イ 電源を溶接機の電源側からとる構造の電防装置を使用する場合は，電防装置の定格入力電圧の値が取付溶接機の定格入力電圧の値と等しいこと。

ロ 電源を溶接機の出力側からとる構造の電防装置又は出力側の電圧変化を検出して主接点を開閉する構造の電防装置を使用する場合には，電防装置の外箱に表示してある適用溶接機（当該電防装置を取り付けて使用することができる溶接機をいう。別表において同じ。）の出力側無負荷電圧の範囲が取付溶接機の出力側無負荷電圧の変動範囲を含むこと。

(2) 定格電流

イ 主接点を溶接機の電源側に接続する構造の電防装置を使用する場合には，電防装置の定格電流の値が取付溶接機の定格入力電流の値以上のものであること。

ロ 主接点を溶接機の出力側に接続する構造の電防装置を使用する場合には，電防装置の定格電流の値が取付溶接機の定格出力電流の値以上のものであること。

(3) 定格使用率

電防装置の定格使用率は，取付溶接機の定格使用率以上のものであること。

(4) 定格周波数

電防装置の定格周波数は，取付溶接機の定格周波数に適合したものであること。

2-2 作業条件に応じた始動感度を有する電防装置の選定

(1) 環境条件，被溶接物等を考慮して適正な始動感度を有するものを選定すること。

(2) 電防装置と電流遠隔制御装置を併用する場合は，電流遠隔制御装置の短絡子（接触子）の抵抗値より十分に小さい始動感度を有するものを選定すること。

(3) 電防装置とワイヤ送給装置（ワイヤ（溶加材）を自動的に送給するために半自動溶接機に取り付けられている装置であって，溶接機の出力側を当該装置の電源として用いるものをいう。）を併用する場合は，当該電防装置が，ワイヤインチング時に溶接機の無負荷電圧を出力しないような始動感度を有するものを選定すること。

3　電防装置の接続

3-1　接続の作業を行う者

電防装置の溶接機への取付け及び電防装置と溶接機との配線は，電防装置の構造や性能に習熟した電気取扱者等（労働安全衛生規則（昭和 47 年労働省令第 32 号）第 36 条第 4 号の業務に係る特別教育を受けた者その他これと同等以上の電気に関する知識・技能を有する者をいう。6 (3) において同じ。）に行わせること。

3-2　溶接機への取付け

電防装置を溶接機に取り付ける場合は，次の事項について注意すること。

(1)　鉛直（やむを得ない場合にあっては，鉛直に対して 20 度以内）に取り付けること。

(2)　溶接機の移動，主接点の作動等による振動・衝撃で取付け部が緩まないように確実に締め付け，かつ，緩み止めを施すこと。

(3)　表示灯が見やすく，かつ, 点検用スイッチが操作しやすいように取り付けること。

3-3　溶接機との配線

電防装置と溶接機との配線を行う場合は，次の事項について注意すること。

(1)　溶接機の電源側に接続する線と出力側に接続する線とを混同しないこと。

(2)　接続部分は容易に緩まないように確実に締め付け，かつ，緩み止めを施すこと。

(3)　接続部分を絶縁テープ，絶縁カバー等により確実に絶縁すること。

(4)　電防装置外箱の接地端子を分電盤等の接地端子に接地線を用いて接地すること。

(5)　溶接機の端子の極性が指定されているものは，その指定どおりに接続すること。

(6)　電防装置と溶接機との間の配線及びその接続部分に外力が加わらないようにすること。

3-4　接続後の作動等の確認

取付け及び配線の終了後，別表の左欄に掲げる項目について，同表の中欄に掲げる方法その他同等の方法により測定等を行った場合に，同表の右欄に掲げる基準に適合することを確認し，その結果を記録すること。

なお，別表の右欄に定める基準を満たさないときは，直ちに，補修し，又は取り換えることにより当該基準を満たすようにすること。

4　使用上の注意

(1)　電防装置を取り付けた溶接機は，次に定める条件に適合する場所において使用すること。

イ　周囲温度が，－10℃以上 40℃以下の範囲にあること。ただし，周囲温度に適合する特殊な構造をもつ電防装置を取り付けた溶接機については，この限りでないこと。

ロ　湿気が多くないこと。

ハ　風雨にさらされないこと。

ニ　電防装置の取付面が鉛直に対して 20 度を超える傾斜を与えないこと。

ホ　粉じんが多くないこと。

ヘ　油の蒸気が多くないこと。

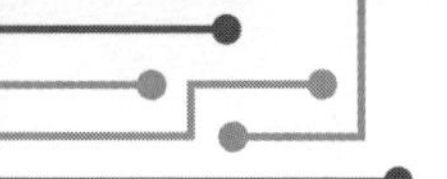



ト　有害な腐食性ガス又は多量の塩分を含む空気が存在しないこと。

チ　爆発性雰囲気が存在しないこと。

リ　異常な振動又は衝撃の加わるおそれのないこと。

(2)　電防装置を取り付けた溶接機の電源側の電圧が当該溶接機の定格入力電圧の85%から110%までの範囲にあること。

(3)　主接点に電磁接触器を用いている場合，電磁接触器の可動部分に木片をはさむこと等により電防装置の機能を失わせないこと。

(4)　断続的な溶接作業を行う場合，遅動時間内は溶接機の出力側無負荷電圧が発生しているので，溶接棒ホルダー（以下「ホルダー」という。）側の露出された充電部分に接触しないこと。

(5)　溶接作業を休止する場合には溶接機の電源を切ること。ただし，溶接機が置かれている場所が溶接場所から著しく離れており，かつ，休止時間が非常に短い場合，溶接棒をホルダーから取りはずし，かつ，ホルダーが被溶接物又は接地抵抗値の小さな物体に接触しないように必要な措置を講じたときは，この限りでないこと。

(6)　電防装置の近傍に高周波発生装置が存在し，電防装置の作動に影響が考えられる場合には，あらかじめ，高周波発生装置の高周波電流により電防装置に異常な作動が起こらないことを確認した上で作業を行うこと。

(7)　アークが容易に発生しない場合には，溶接棒の先端を被溶接物に強く接触させ，そのまま溶接棒を少し引きずるような状態で溶接棒の先端を少しはね上げるようにすること。

(8)　異常な発熱により，使用中に電防装置の機能を損なうことがないこと。

## 5　点　検

### 5-1　点検事項等

電防装置を取り付けた溶接機を使用するときは，その日の使用を開始する前に，次の事項について電防装置を点検すること。

なお，異常を認めたときは，直ちに，補修し，又は取り換えること。

(1)　電防装置の外箱の接地の状態

(2)　電防装置の外箱のふたの状態

(3)　電防装置と溶接機との配線及びこれに附属する接続器具の被覆又は外装の損傷の有無

(4)　表示灯及び点検用スイッチの破損の有無

(5)　表示灯及び点検用スイッチによる主接点の作動状態の確認

(6)　異音・異臭の発生の有無

### 5-2　点検を行う者

5-1の点検は，当該電防装置が取り付けられている溶接機を使用する溶接作業者（労働安全衛生規則第36条第3号に規定するアーク溶接等の業務に係る特別の教育を受けた者をいう。）に行わせること。

### 6　定期の検査等

(1)　電防装置については，その使用ひん度，設置場所その他使用条件に応じて，6月以内ごとに1回，次の事項について検査を行い，その結果を記録すること。

なお，異常を認めたときは，直ちに，補修し，又は取り換えること。

イ　溶接機外箱への取付けの状態

ロ　電防装置と溶接機との外部配線の接続の状態

ハ　外箱の変形，破損及びふたの開閉の状態並びにガスケットの劣化の状態

ニ　表示灯及び点検用スイッチの破損の有無

ホ　ヒューズの異常の有無

ヘ　電磁接触器の主接点及びその他の接点（補助接点，コンデンサー開閉用接点及び保護用接点）の消耗の状態

ト　表示灯及び点検用スイッチによる主接点の作動状態の確認

チ　異音・異臭の発生の有無

リ　強制冷却用ファンを有する場合は冷却用ファンの異常の有無

(2)　電防装置については，その使用ひん度，設置場所その他使用条件に応じて，1年以内ごとに1回，別表の左欄に掲げる項目について，同表の中欄に掲げる方法により測定等を行った場合に，同表右欄に掲げる基準に適合するか否かについて検査を行い，その結果を記録すること。

なお，別表の右欄に定める基準を満たさないときは，直ちに，補修し，又は取り換えることにより当該基準を満たすようにすること。

(3)　定期の検査は，電気取扱者等が行うこと。

別　表

| 項　目 | 方　　　法 | 基　　準 |
|---|---|---|
| 抵抗測定 | 500V 絶縁抵抗計を用いて，電防装置の外箱（接地端子）と充電部分との間及び電防装置を取り付けた溶接機の電源側と出力側との間の絶縁抵抗の値を測定する。 | 1MΩ以上であること。 |
| 主接点の作動及び表示灯の明暗 | 電源を入れ，点検用スイッチを数回入り切りする。 | 電源を入れると表示灯が薄暗く点灯し，点検用スイッチを入れると主接点が閉じて表示灯が明るくなり，点検用スイッチを切ると遅動時間経過後，主接点が開いて表示灯が再び薄暗くなること。 |
| 電防装置の入力電圧 | 2-1-2（1）イの電防装置にあっては，電防装置を取り付けた溶接機の電源側端子間に電圧計を接続してその値を測定する。 | 測定値が電防装置の定格入力電圧の値の85％から110％までの範囲であること。 |

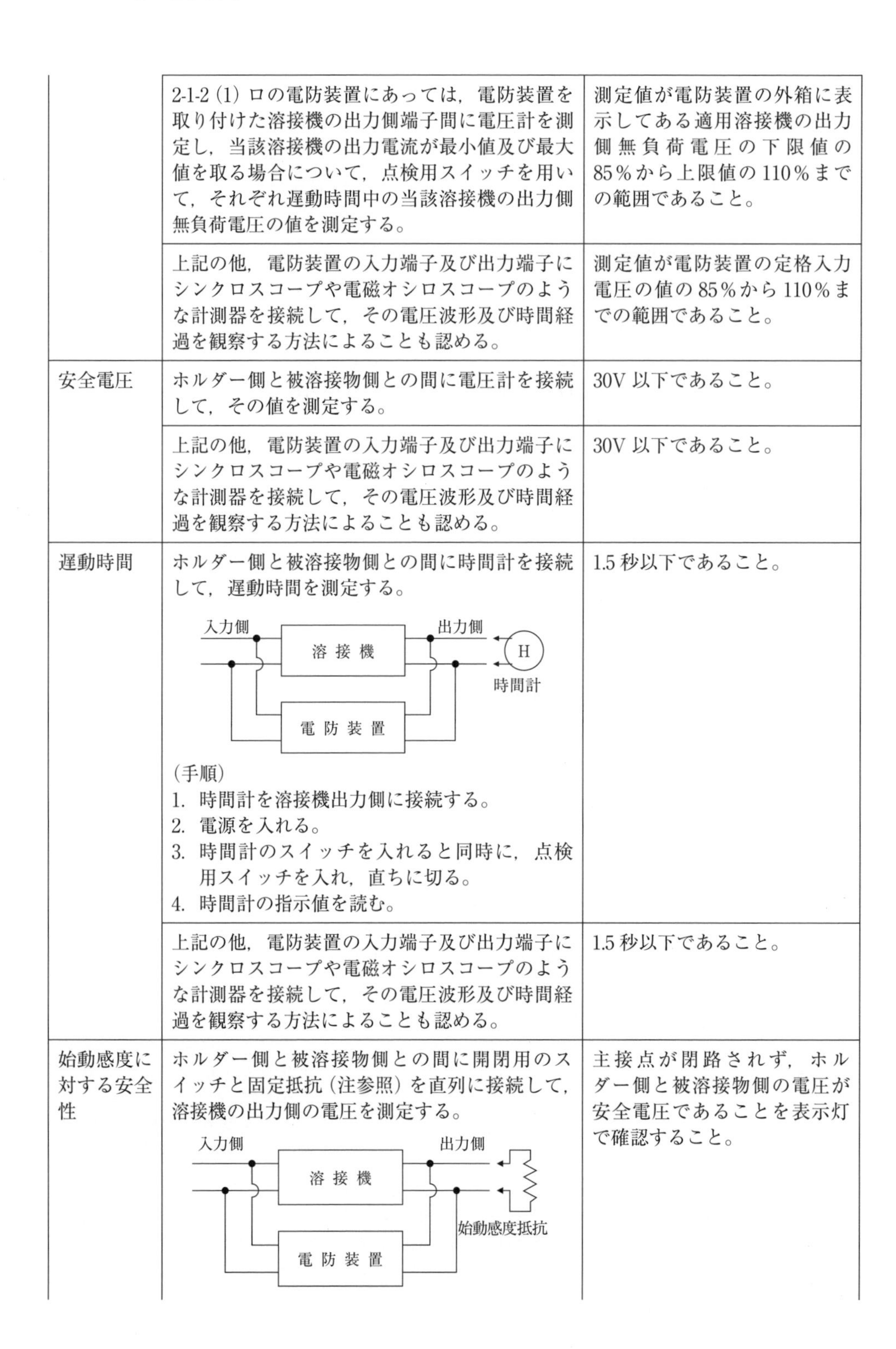

| | | |
|---|---|---|
| | 2-1-2 (1) ロの電防装置にあっては，電防装置を取り付けた溶接機の出力側端子間に電圧計を測定し，当該溶接機の出力電流が最小値及び最大値を取る場合について，点検用スイッチを用いて，それぞれ遅動時間中の当該溶接機の出力側無負荷電圧の値を測定する。 | 測定値が電防装置の外箱に表示してある適用溶接機の出力側無負荷電圧の下限値の85％から上限値の110％までの範囲であること。 |
| | 上記の他，電防装置の入力端子及び出力端子にシンクロスコープや電磁オシロスコープのような計測器を接続して，その電圧波形及び時間経過を観察する方法によることも認める。 | 測定値が電防装置の定格入力電圧の値の85％から110％までの範囲であること。 |
| 安全電圧 | ホルダー側と被溶接物側との間に電圧計を接続して，その値を測定する。 | 30V 以下であること。 |
| | 上記の他，電防装置の入力端子及び出力端子にシンクロスコープや電磁オシロスコープのような計測器を接続して，その電圧波形及び時間経過を観察する方法によることも認める。 | 30V 以下であること。 |
| 遅動時間 | ホルダー側と被溶接物側との間に時間計を接続して，遅動時間を測定する。<br>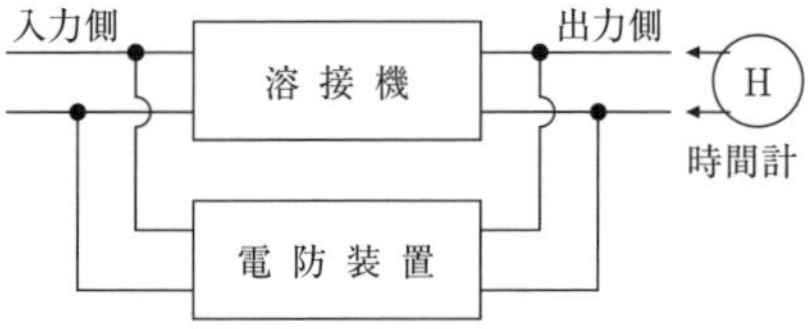<br>（手順）<br>1. 時間計を溶接機出力側に接続する。<br>2. 電源を入れる。<br>3. 時間計のスイッチを入れると同時に，点検用スイッチを入れ，直ちに切る。<br>4. 時間計の指示値を読む。 | 1.5 秒以下であること。 |
| | 上記の他，電防装置の入力端子及び出力端子にシンクロスコープや電磁オシロスコープのような計測器を接続して，その電圧波形及び時間経過を観察する方法によることも認める。 | 1.5 秒以下であること。 |
| 始動感度に対する安全性 | ホルダー側と被溶接物側との間に開閉用のスイッチと固定抵抗（注参照）を直列に接続して，溶接機の出力側の電圧を測定する。<br>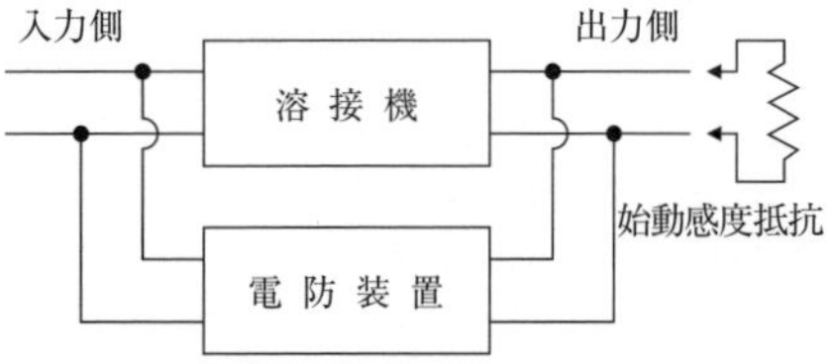 | 主接点が閉路されず，ホルダー側と被溶接物側の電圧が安全電圧であることを表示灯で確認すること。 |

| | | |
|---|---|---|
| | （手順）<br>1. 電源を入れる。<br>2. 開閉用のスイッチを入れる。<br>3. ホルダー側と被溶接物側の間の電圧が安全電圧を表示し続けることを確認する。<br>注）<br>1. 低抵抗始動形にあっては，3.5 Ωの抵抗を挿入する。<br>2. 標準始動感度が200 Ω以下の高抵抗始動形の電防装置にあっては，261 Ω（ただし，標準始動感度の250%以下）の抵抗を挿入する。<br>3. 標準始動感度が200 Ωを超える高抵抗始動形の電防装置にあっては，501 Ωの抵抗を挿入する。 | |
| 補助接点，コンデンサー開閉用接点，保護用接点の摩耗・破損の確認 | 主接点の作動性確認時に，電防装置の蓋（内蔵形にあっては溶接機外箱の蓋）を開いて目視により確認する。 | 接点の激しい摩耗・破損がないこと。 |
| 保護用接点の作動確認 | 保護用接点の作動性能を確認できる異常検出点検スイッチ等があるものは，これにより作動性能を確認する。<br>異常検出点検スイッチ等がないものは，溶接機出力側に安全電圧が現れている状態で，点検用スイッチを使用せず，主接点間を短絡して，表示灯の明暗で作動性を確認する。<br><br>注）主接点間を短絡する際は，感電の危険性等があるため製造者に相談するなど注意して行う。 | 異常検出点検スイッチ等があるものは，これにより保護用接点に異常がないことを確認すること。<br>異常検出点検スイッチ等がないものは，主接点間を短絡して，その時の表示灯が薄暗い状態から明るく点灯（1.5秒以内）した後，消灯する（無電圧状態）こと。 |
| 強制冷却用ファンの作動確認 | ファンの回転を目視等で確認すること。<br><br>注）電防装置の中には，ある一定温度以上にならないとファンが回転しないものがある。その様なものについては，溶接電流を多少流して，又は温度センサーに熱風を充てる等の方法で電防装置の内部温度を上昇させる。 | ファンが正常に回転し，異常な音がせず塵が付着していないこと。 |

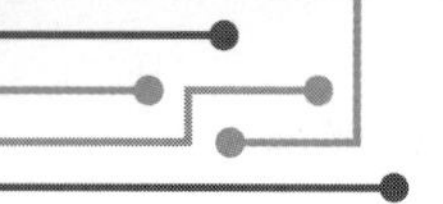



## (5) 電気工事作業指揮者に対する安全教育について

昭和63年12月28日基発第782号
(労働省労働基準局長通達)

安全衛生教育の推進については，昭和59年2月16日付け基発第76号「安全衛生教育の推進について」及び同年3月26日付け基発第148号「安全衛生教育の推進に当たって留意すべき事項について」等により，その推進を図っているところである。

今般，これらの通達に基づき行うこととされている作業指揮者に対する安全衛生教育のうち，標記教育について，その実施要領を別添のとおり定めたので，関係事業者に対し本実施要領に基づく実施を勧奨するとともに，事業者に代わって当該教育を行う安全衛生団体に対し指導援助をされたい。

### 電気工事作業指揮者安全教育実施要領

1. 目　的

我が国における産業活動の発展とともに，電気設備の高電圧化等が進んでいる。電気工事においては，毎年多くの作業者の命が失われており，感電災害は，他の労働災害と比較して重篤度が極めて高く，いったん事故が発生すると死亡災害になりやすいという特徴があるので，さらに安全対策の充実と徹底を図る必要がある。

このため，電気工事の作業を指揮する者に対して，本実施要領に基づく電気工事作業指揮者安全教育を実施することにより，作業指揮者としての職務に必要な知識等を付与し，もって当該作業従事労働者の安全衛生の一層の確保に資することとする。

2. 対象者

電気工事作業指揮者として選任された者又は新たに選任される予定の者とすること。

3. 実施者

上記2の対象者を使用する事業者又は事業者に代って当該教育を行う安全衛生団体とする。

4. 実施方法

(1) 教育カリキュラムは，別紙〈編注：次ページの表〉の「電気工事作業指揮者安全教育カリキュラム」によること。

(2) 教材としては，「電気工事作業指揮者安全必携」(中央労働災害防止協会発行) 等が適当と認められること。

(3) 1回の教育対象人員は，100人以内とすること。

(4) 講師については，別紙のカリキュラムの科目について十分な学識経験等を有するものを充てること。

5. 修了の証明等

(1) 事業者は，当該教育を実施した結果について，その旨記録し，保管すること。

(2) 教育修了者に対し，その修了を証する書面を交付する等の方法により，所定の教育を受けたことを証明するとともに，教育修了者名簿を作成し，保存すること。

電気工事作業指揮者安全教育カリキュラム

| 科　目 | 範　囲 | 時 間 |
|---|---|---|
| 電気工事指揮者の職務 | 1　電気取扱作業における災害発生状況と問題点<br>2　作業指揮者の選任とその職務 | 1.5 |
| 現場作業の安全 | 1　作業時の注意事項<br>2　感電，墜落災害等の防止 | 1.5 |
| 個別作業の管理 | 1　架空送電設備の作業<br>2　架空配電設備の作業<br>3　地中配送電設備の作業<br>4　特別高圧受変電設備の作業<br>5　高圧受変電設備の作業<br>6　工場電気設備の作業 | 2.5 |
| 関係法令 | 労働安全衛生法，同施行令及び労働安全衛生規則の関係条項 | 0.5 |

## (6) 夏季における感電災害の防止について

平成13年7月24日基安安発第23号
(厚生労働省労働基準局安全衛生部安全課長通達)

労働安全衛生行政の推進につきましては，日頃から格別の御協力を賜り，厚く御礼申し上げます。

さて，感電災害につきましては，夏季に多発する傾向にありますが，本年は梅雨明け以降気温の高い日が多く，残暑も厳しいとの気象庁予報がなされているところであり，例年以上に感電による労働災害の多発が懸念されるところです。

夏季における感電災害は，暑さから関係労働者が絶縁用保護具等の使用を怠りがちになること，軽装により直接皮膚を多く露出すること，作業時における注意力が低下しがちであることに加えて，発汗により皮膚自身の電気抵抗や皮膚と充電物との接触抵抗が減少すること等が要因となって多発する傾向にあり，特に200V程度の低電圧に係る作業において顕著となっております。また，被災者には電気工事以外の業務に従事する労働者も多数みられるところです。

つきましては，感電による死亡災害の発生状況を別添のとおりとりまとめましたのでご活用いただくとともに，傘下の会員事業場に対し，災害の発生状況からみて特に留意する必要があるとみられる下記の事項を中心として，夏季における感電災害防止対策が，熱中症の予防対策とともに，改めて徹底されるよう周知いただきたく，特段のご配慮をお願いします。

記

1　安全教育等

低圧電気の取扱いに係る作業を高圧電気の取扱い作業に比べて安易に考えることのないよう，低圧に係る死亡災害の発生状況等とともに，低圧の電気の危険性と感電災

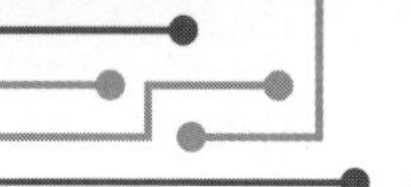


害防止対策について周知すること。

なお，特別教育が必要な場合は適切に実施すること。

2　施設，設備の安全確保

ア　作業場内の配線等

作業場内の配線及び移動電線で絶縁被覆が劣化しているものについては適切なものに取り替え，部分的に損傷しているものは電気絶縁用ビニル粘着テープ等で確実にテーピングする等，必要な措置を講じること。

イ　交流アーク溶接機

溶接機の出力側電圧端子，溶接棒ホルダー等について，絶縁被覆が不十分である場合は，絶縁覆いをする等必要な措置を講じること。

また，使用する自動電撃防止装置については使用前の点検により作動状況を確認すること。

ウ　移動式又は可搬式の電動機器

電気ドリル，電気グラインダー等の電動機器については，当該機器の端子と配線との接続部分の劣化等により，漏電による感電のおそれがある場合には確実に補修すること。

また，湿潤な場所その他導電性の高い場所で使用する場合は感電防止用漏電遮断装置を接続する等，必要な措置を講じること。

エ　クレーントロリー線等の充電電路

天井クレーンのトロリー線等，充電電路に近接する場所において清掃，点検等の作業を行う場合は，停電させること，又は充電電路に絶縁用防具を装着する等，接触による感電を防止するための必要な措置を講じること。

3　作業の適正化等

ア　作業の指揮者

低圧電気工事については，作業グループごとに作業の指揮者を配置し，その者に作業を直接指揮させるとともに，適切な絶縁用保護具等の使用，充電電路の絶縁用防具の装着を確認させる等の作業管理を行うこと。

イ　停電作業

停電作業においては，停電の状態及びしゃ断した電源の開閉器の状態について安全であることを確認した後に作業着手させること。

また，停電に用いた開閉器には作業中は施錠するとともに通電禁止の表示をする等，必要な措置を講じること。

4　その他

必要に応じて，安全委員会等において上記１～３の事項を中心とした夏季における感電災害の防止について協議し，取組を推進すること。

# 参考資料2　附　録

表 6-1　コード及びけい光灯電線の許容電流

（周囲温度 30℃以下）

| 公称断面積 (mm²) | 素線数／直径 (本／mm) | 絶縁物の種類（最高許容温度） | | | |
|---|---|---|---|---|---|
| | | ビニル混合物（耐熱性を有するものを除く。）<br>天然ゴム混合物 | ビニル混合物（耐熱性を有するものに限る。）<br>スチレンブタジエンゴム混合物<br>クロロプレンゴム混合物<br>ポリオレフィン混合物 | エチレンプロピレンゴム混合物 | けい素ゴム混合物<br>クロロスルホン化ポリエチレンゴム混合物 |
| | | （60℃） | （75℃） | （80℃） | （90℃） |
| | | 許容電流 (A) | | | |
| 0.75 | 30/0.18 | 7 | 8 | 9 | 10 |
| 1.25 | 50/0.18 | 12 | 14 | 15 | 17 |
| 2.0 | 37/0.26 | 17 | 20 | 22 | 24 |
| 3.5 | 45/0.32 | 23 | 28 | 29 | 32 |
| 5.5 | 70/0.32 | 35 | 42 | 45 | 49 |

〔備考 1〕 この表において絶縁物の最高許容温度 75℃，80℃及び 90℃のものは，60℃の値に，許容電流補正係数を乗じたもので小数点以下 1 位を 7 捨 8 入してある。

〔備考 2〕 けい素ゴム混合物の最高許容温度を 90℃としたのは，コード等の使用条件を考慮したものである。（けい素ゴム混合物の最高許容温度は 180℃である。）

〔備考 3〕 この表は，コードを通常の状態で使用する場合のものであって，コードリールなどに使用する場合には，適用できない。コードリールなどに使用する場合にあっては，製造業者などの指定する電流減少係数を用いる必要がある。

〔備考 4〕 電気用品安全法の適用を受ける電気機械器具内の電線及びこれに附属する電線には，本表を適用しない。

出典：(一社) 日本電気協会「内線規程 (JEAC8001-2016)」

表 6-2　がいし引き配線により絶縁物の最高許容温度が 60℃の IV 電線などを施設する場合の許容電流

（周囲温度 30℃以下）

| 導体（銅） | | | 許容電流（A） |
|---|---|---|---|
| 単線，より線の別 | 公称断面積（$mm^2$） | 素線数／直径（本／mm） | |
| 単線 | — | 1.0 | (16) |
| | — | 1.2 | (19) |
| | — | 1.6 | 27 |
| | — | 2.0 | 35 |
| | — | 2.6 | 48 |
| | — | 3.2 | 62 |
| | — | 4.0 | 81 |
| | — | 5.0 | 107 |
| より線 | 0.9 | 7／0.4 | (17) |
| | 1.25 | 7／0.45 | (19) |
| | 2 | 7／0.6 | 27 |
| | 3.5 | 7／0.8 | 37 |
| | 5.5 | 7／1.0 | 49 |
| | 8 | 7／1.2 | 61 |
| | 14 | 7／1.6 | 88 |
| | 22 | 7／2.0 | 115 |
| | 38 | 7／2.6 | 162 |
| | 60 | 19／2.0 | 217 |
| | 100 | 19／2.6 | 298 |
| | 150 | 37／2.3 | 395 |
| | 200 | 37／2.6 | 469 |
| | 250 | 61／2.3 | 556 |
| | 325 | 61／2.6 | 650 |
| | 400 | 61／2.9 | 745 |
| | 500 | 61／3.2 | 842 |

〔備考〕直径 1.2mm 以下及び断面積 1.25$mm^2$ 以下の電線は，一般的には配線に使用する電線として認められていない。したがって（　）内の数値は，参考に示したものである。

出典：（一社）日本電気協会「内線規程（JEAC8001-2016）」

表6-3 VVケーブル並びに電線管などに絶縁物の最高許容温度が60℃のIV電線などを収める場合の許容電流

VVケーブル配線，金属管配線，合成樹脂管配線，金属製可とう電線管配線，金属線ぴ配線，合成樹脂線ぴ配線，金属ダクト配線，フロアダクト配線及びセルラダクト配線などに適用する。
この場合において，金属ダクト配線，フロアダクト配線及びセルラダクト配線については，電線数「3以下」を適用する。

（周囲温度30℃以下）

| 導体＼電線種別 | | 許容電流（A） | | | | | | | |
|---|---|---|---|---|---|---|---|---|---|
| 単線・より線の別 | 直径又は公称断面積 | VVケーブル3心以下 | IV電線を同一の管，線ぴ又はダクト内に収める場合の電線数 | | | | | | |
| | | | 3以下 | 4 | 5～6 | 7～15 | 16～40 | 41～60 | 61以上 |
| 単線 | 1.2mm | (13) | (13) | (12) | (10) | ( 9) | ( 8) | ( 7) | ( 6) |
| | 1.6mm | 19 | 19 | 17 | 15 | 13 | 12 | 11 | 9 |
| | 2.0mm | 24 | 24 | 22 | 19 | 17 | 15 | 14 | 12 |
| | 2.6mm | 33 | 33 | 30 | 27 | 23 | 21 | 19 | 17 |
| | 3.2mm | 43 | 43 | 38 | 34 | 30 | 27 | 24 | 21 |
| より線 | 5.5mm² | 34 | 34 | 31 | 27 | 24 | 21 | 19 | 16 |
| | 8 mm² | 42 | 42 | 38 | 34 | 30 | 26 | 24 | 21 |
| | 14 mm² | 61 | 61 | 55 | 49 | 43 | 38 | 34 | 30 |
| | 22 mm² | 80 | 80 | 72 | 64 | 56 | 49 | 45 | 39 |
| | 38 mm² | 113 | 113 | 102 | 90 | 79 | 70 | 63 | 55 |
| | 60 mm² | 150 | 152 | 136 | 121 | 106 | 93 | 85 | 74 |
| | 100 mm² | 202 | 208 | 187 | 167 | 146 | 128 | 116 | 101 |
| | 150 mm² | 269 | 276 | 249 | 221 | 193 | 170 | 154 | 134 |
| | 200 mm² | 318 | 328 | 295 | 262 | 230 | 202 | 183 | 159 |
| | 250 mm² | 367 | 389 | 350 | 311 | 272 | 239 | 217 | 189 |
| | 325 mm² | 435 | 455 | 409 | 364 | 318 | 280 | 254 | 221 |
| | 400 mm² | ―― | 521 | 469 | 417 | 365 | 320 | 291 | 253 |
| | 500 mm² | ―― | 589 | 530 | 471 | 412 | 362 | 328 | 286 |

〔備考1〕 VVケーブルを屈曲がはなはだしくなく，2m以下の電線管などに収める場合も，VVケーブル3心以下の欄を適用する。
〔備考2〕 この表のIV電線を電線管などに収める場合の許容電流値は，表6-2に電流減少係数を乗じたものである。ただし，合成樹脂管をがいし引き配線におけるがい管として使用する場合は，この表を適用しない。なお，算出された許容電流値は，小数点以下1位を7捨8入してある。
出典：(一社) 日本電気協会「内線規程 (JEAC8001-2016)」

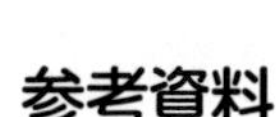



## キャブタイヤケーブルの許容電流

表 6-4，表 6-5 にそれぞれ絶縁物の最高許容温度が 60℃と 80℃の場合の許容電流値を示す。

### 表 6-4　絶縁物の最高許容温度 60℃の許容電流値

（周囲温度 30℃以下）

| 導体公称断面積 ($mm^2$) | 許　容　電　流 (A) | | | |
|---|---|---|---|---|
| | 単　心 | 2　心 | 3　心 | 4　心 |
| 0.75 | 15 | 12 | 11 | 10 |
| 1.25 | 20 | 17 | 15 | 13 |
| 2 | 26 | 22 | 19 | 17 |
| 3.5 | 38 | 32 | 27 | 25 |
| 5.5 | 50 | 41 | 35 | 32 |
| 8 | 61 | 51 | 43 | 39 |
| 14 | 88 | 72 | 62 | 56 |
| 22 | 120 | 97 | 83 | 75 |
| 38 | 165 | 130 | 110 | 100 |
| 60 | 225 | 175 | 150 | 135 |
| 100 | 315 | 250 | 215 | 195 |

〔備考 1〕この表は，キャブタイヤケーブルを通常の配線として用いる場合のもので，ドラム巻きなどで使用する場合は，製造業者などの指定する電流減少係数を用いる必要がある。

〔備考 2〕この表において，中性線，接地線及び制御回路用の電線は，心線数に数えない。すなわち，単相 3 線式に使用する 3 心キャブタイヤケーブルは，うち 1 心が中性線であるので，2 心に対する許容電流を適用し，三相 3 線式電動機に接続する 4 心のキャブタイヤケーブルのうち 1 心をその電動機の接地線として使用する場合は，3　心に対する許容電流を適用する。

注（日本電線工業会規格）JCS0168-2「33kV 以下電力ケーブルの許容電流計算 - 第 2 部：低圧ゴム・プラスチックケーブルの許容電流」による。

### 表 6-5　絶縁物の最高許容温度 80℃の許容電流値

（周囲温度 30℃以下）

| 導体公称断面積 ($mm^2$) | 許　容　電　流 (A) | | | |
|---|---|---|---|---|
| | 単　心 | 2　心 | 3　心 | 4　心 |
| 0.75 | 18 | 15 | 13 | 12 |
| 1.25 | 25 | 21 | 18 | 16 |
| 2 | 32 | 27 | 23 | 21 |
| 3.5 | 47 | 39 | 33 | 30 |
| 5.5 | 62 | 51 | 44 | 40 |
| 8 | 77 | 63 | 54 | 49 |
| 14 | 105 | 89 | 76 | 69 |
| 22 | 145 | 120 | 100 | 93 |
| 38 | 205 | 165 | 140 | 125 |
| 60 | 280 | 220 | 185 | 170 |
| 100 | 390 | 310 | 265 | 240 |

〔備考 1〕この表は，キャブタイヤケーブルを通常の配線として用いる場合のもので，ドラム巻きなどで使用する場合は，製造業者などの指定する電流減少係数を用いる必要がある。

〔備考 2〕この表において，中性線，接地線及び制御回路用の電線は，心線数に数えない。すなわち，単相 3 線式に使用する 3 心キャブタイヤケーブルは，うち 1 心が中性線であるので，2 心に対する許容電流を適用し，三相 3 線式電動機に接続する 4 心のキャブタイヤケーブルのうち 1 心をその電動機の接地線として使用する場合は，3 心に対する許容電流を適用する。

注（日本電線工業会規格）JCS0168-2「33kV 以下電力ケーブルの許容電流計算 - 第 2 部：低圧ゴム・プラスチックケーブルの許容電流」による。

表 6-6　最近 5 カ年間の起因物別にみた感電死傷者数（カッコ内は死亡者数）

| 起因物＼年 | 平成 27 年 | 平成 28 年 | 平成 29 年 | 平成 30 年 | 令和元年 |
|---|---|---|---|---|---|
| 送配電線等 | 29 (7) | 35 (6) | 24 (4) | 44 (5) | 30 (2) |
| 電力設備 | 27 (1) | 13 (2) | 20 (1) | 33 (4) | 17 (0) |
| その他の電気設備 | 12 (0) | 13 (1) | 4 (0) | 12 (0) | 11 (0) |
| アーク溶接装置 | 4 (2) | 3 (2) | 3 (0) | 3 (1) | 1 (0) |
| その他 | 33 (1) | 35 (0) | 30 (4) | 34 (3) | 30 (1) |
| 合計 | 105 (11) | 99 (11) | 81 (9) | 126 (13) | 89 (3) |

（注）鉱山保安法適用事業を除く。　（厚生労働省「死亡災害報告」，「労働者死傷病報告」より作成。）

表 6-7　最近 5 カ年間の業種別にみた感電死傷者数（カッコ内は死亡者数）

| 業種＼年 | 平成 27 年 | 平成 28 年 | 平成 29 年 | 平成 30 年 | 令和元年 |
|---|---|---|---|---|---|
| 製造業（電気業を除く） | 34 (1) | 37 (2) | 27 (3) | 36 (3) | 27 (1) |
| 電気業 | 0 (0) | 1 (0) | 1 (0) | 3 (0) | 0 (0) |
| 建設業（電気通信工事業を除く） | 21 (3) | 18 (4) | 14 (0) | 29 (3) | 22 (1) |
| 電気通信工事業 | 22 (5) | 17 (4) | 13 (5) | 18 (2) | 15 (1) |
| その他（上記以外） | 28 (2) | 26 (1) | 26 (1) | 40 (5) | 25 (0) |
| 全産業合計 | 105 (11) | 99 (11) | 81 (9) | 126 (13) | 89 (3) |

（注）鉱山保安法適用事業を除く。　（厚生労働省「死亡災害報告」，「労働者死傷病報告」より作成。）

改訂編集協力（敬称略）

（第１編）
三浦　　崇　　　独立行政法人労働者健康安全機構　労働安全衛生総合研究所
　　　　　　　　電気安全研究グループ　上席研究員

（第２編第１～２章）
井上　考介　　　東京電力パワーグリッド株式会社
　　　　　　　　配電部　配電技術グループマネージャー

（第２編第３～５章）
堀口　英明　　　株式会社関電工
　　　　　　　　営業統轄本部　安全・環境部　部長（安全・環境担当）

（第３編）
小野　賢司　　　一般財団法人関東電気保安協会
　　　　　　　　総合技術センター　課長

（第４編第１～４章）
廣川　光晴　　　東京電力パワーグリッド株式会社
　　　　　　　　配電部　配電保守・制御グループマネージャー

【写真提供】
・図 2-5，4-1，3，4　東京電力パワーグリッド㈱
・図 2-11　住友電気工業㈱
・図 2-12　㈱ハタヤリミテッド
・図 2-14　古河電気工業㈱
・図 2-15　日東工業㈱
・図 3-1 ～ 6，9，10，22，ア，イ　渡部工業㈱
・図 3-8　㈱タダノ
・図 3-12 ～ 14，20　長谷川電機工業㈱
・図 3-21　篠原電機㈱
・図 3-23　㈱日本緑十字社
・図 3-24　㈱山下工業研究所


低圧電気取扱者安全必携
—特別教育用テキスト—

平成30年3月8日　第1版第1刷発行
令和3年4月30日　第2版第1刷発行
令和6年8月20日　　　　第10刷発行

編　　者　中央労働災害防止協会
発 行 者　平　山　　剛
発 行 所　中央労働災害防止協会


〒108-0023
東京都港区芝浦3-17-12
吾妻ビル9階
電話　販売　03(3452)6401
編集　03(3452)6209


印刷・製本　新日本印刷株式会社



落丁・乱丁本はお取り替えいたします　©JISHA 2021


ISBN978-4-8059-1987-3 C3054
中災防ホームページ　https://www.jisha.or.jp/

本書の内容は著作権法によって保護されています。本書の全部または一部を複写（コピー）、複製、転載すること（電子媒体への加工を含む）を禁じます。

MEMO

MEMO

# MEMO